JN433528

아산재단 연구보고서 第124집

복잡계 네트워크 과학

- 21세기의 정보과학 -

강 병 남

집문당

머리말

최근 들어 복잡계에 대한 연구가 사회, 경제, 생물, 정보 분야를 포함하는 여러 학문 분야에 걸쳐 활발하게 진행되고 있다. 복잡계란 무수한 구성 요소들로 이루어진 계로서, 계를 구성하는 요소들 간의 복잡한 상호작용의 결과 거시적으로 나타나는 현상이 각 부분의 합보다 큰 시너지 효과가 있는 계이다. 이러한 거시적 현상을 창발, 발현, 또는 떠오름(emergence) 현상이라 부른다. 원인도 모르게 너도 나도 주식을 팔아 주가지수가 폭락한다든지 IMF 사태와 같이 아시아 경제가 함께 무너지는 현상, 그리고 순식간에 늘어나는 인터넷의 댓글 달기 및 누리꾼들의 협동 현상 등과 같이 우리 주변에서 흔히 일어나는 일들도 이러한 떠오름 현상의 예이다.

떠오름 현상이 일어나는 원인으로 복잡 적응(complex adaptive) 현상을 들 수 있다. 이러한 적응 현상은 유기체들로 구성된 생태계에서 쉽게 찾아볼 수 있는데, 이러한 계에는 흔히 되먹임(feedback)이 작용하고 있는 경우가 많다. 이것은 계의 각 구성원들이 다른 구성원들이 창출하는 거시적 현상, 즉 환경에 자기 자신도 적응하게 된다는 뜻이다. 이러한 계에서는 각 구성원의 행동이, 다른 구성원의 행동에 원인을 제공하는 동시에 다른 구성원의 행동으로부터 영향을 받게 되어, 인과 관계가 서로 얽혀 있게 된다. 따라서 지금까지의 자연과학이 기반하고 있는 인과적 결정론(causal determination)은 이러한 계에서 의미를 잃는다.

상호작용이 복잡하게 얽혀 있는 계가 만들어 내는 거시적인 현상을 이해하기 위해서 총체적인 관점의 연구에 대한 필요가 대두되었고, 최근 네트워크(그래프) 이론을 빌려 이러한 문제를 해결하고자 하는 시도가 진행되고 있다. 여기서의 네트워크를 특별히 복잡계 네트워크(complex network)라고 부르는데 네트워크가 복잡하다는 의미가 아니고 복잡계를 기술하는 네트워크라는 의미이다. 여기서 복잡계를 지칭하는 complex라는 단어는 함께 엮여 있다는 사전적 의미를 가지고 있다. 이러한 복잡계에서 일어나는 다양한 인과관계를 네트워크로 표현함으로써 이들로부터 나타나는 보편적인 특징을 찾아보고자 하는 것이 복잡계 네트워크 연구의 중요한 주제이다.

이와 같은 연구 배경 속에 탄생한 복잡계 네트워크는 물리학에서 기존의 사고를 전환해 주는 계기가 되었다. 종래의 물리학에서는 유클리디안 공간을 균일한 격자구조로 기술하였다. 여기서 균일하다는 것은 격자점(노드)에 연결된 링크의 수가 항상 같다는 것을 의미한다. 그러나 균일한 격자구조에 불순물 등이 첨가되면 격자점에 연결된 링크의 수가 원래의 수와 다르게 되고, 이러한 변형된 격자구조가 프랙탈의 개념을 탄생하게 만들었다. 그러나 프랙탈 역시 각 격자점에서의 연결선 수가 가우시안 분포의 범주를 벗어나지 않기 때문에 균일한 구조라고 할 수 있다.

그러나 복잡계 네트워크 구조에서는 한 노드에 연결된 연결선의 수가 매우 불균일하여, 그 분포가 멱함수 법칙을 따르게 될 수 있다. 즉, 어떤 노드는 연결선 수가 하나 또는 두 개인 반면, 어떤 노드는 연결선 수가 수십만 개가 될 수도 있다는 것이다. 이렇게 불균일한 격자구조를 가지고 있는 계에서 일어나는 여러 가지 현상은, 균일한 구조나 프랙탈 구조에서 일어나는 현상과 다르며 매우 흥미로운 결과를 유발하게 된다. 또한 이러한 복잡계 네트워크에서 일어나는 여러 현상을 어떤 방법으로 이해하여야 하는가 하는 것도 큰 이슈이다. 지금까지 물리학에서 사용하였던 방법을 개선하고 확장하여야 할 필요가 대두된 것이다.

본서에서는 지난 10년간 폭발적으로 이루어진 복잡계 네트워크에 대한 연구 중 중요한 결과들을 소개하고자 한다. 특히 척도 없는 네트워크의 구조적인 특징과 척도 없는 네트워크 위에서 일어나는 여러 현상을 살펴보기로 하겠다. 이 분야에서는 짧은 시간 동안에 많은 논문들이 발표되고 있기 때문에 이들을 모두 다 다룰 수는 없고, 본 연구팀이 수행하였던 연구를 중심으로 내용을 전개하고자 한다. 대신, 더 넓은 주제에 관심이 있는 독자를 위해 관련된 교양도서와 전문가를 위한 논문을 여기 소개한다. 일반적인 내용에 대하여서는, 비전공자와 전공자 모두를 위한 책으로 바라바시[1], 뷰캐넌[2], 왓츠[3], 후버만[4], 카프만[5]이 쓴 책을 참고하기 바란다. 또 전공자들을 위한 책으로는 본홀트와 슈스터가 편저한 책[6]이 있으며, 도로고체브와 멘데스[7], 볼로바스[8], 발디와 공저자들[9] 등의 책들이 있다. 총설 논문으로는 알버트와 바라바시가 쓴 논문[10], 도로고체브와 멘데스가 쓴 논문[11]과 뉴우만이 쓴 논문[12]이 대표적인 것이므로 이를 참고하기 바란다. 또한 앞으로도 최근의 연구 결과들을 담은 총설 논문들을 포함하여, 편저 또는 저술 및 논문들이 속속 출판될 것으로 기대된다.

이 책은 본인이 지난 7년간 복잡계 네트워크라는 주제를 가지고 공동 연구한 내용을 간추린 것으로 공동 연구를 수행하였던 김두철 교수님, 고광일 교수님, 정하웅 교수님, 이덕선 교수님, 오을식 박사, 노규형 박사, 양인창 박사, 김도현 박사, 김철민 박사, 영국 Brunel 대학의 Rodgers 교수님, 동경대의 Masuda 교수님, 김진섭, 이은주 연구원 등께 이 자리를 빌려 감사의 글을 드린다. 또한 바쁜 일과에도 불구하고 교정에 참여한 강완모, 김강훈, 김상국, 김푸른, 여중엽, 유재완, 이덕재, 이재성, 윤창근, 임재관, 조영설, 최철호, 한국영, 황성민 학생에게 감사의 말을 전한다. 본서의 연구비를 지원하여 주신 아산사회복지재단과 편집·교정을 보아 주신 집문당 출판사 최정미 씨에게 감사의 글을 올리고자 한다. 끝으로 이 책이 나오기까지 헌신과 봉사를 아끼지 않은 가족(성명경, 강지흔, 강지예)에게 감사의 마음을 전한다.

차 례

표 차례

그림 차례

제 1 장

좁은세상

제 1 장 좁은세상

1.1 밀그램의 좁은세상 실험

1960년대 말 하버드 대학의 사회심리학자인 스탠리 밀그램(Stanley Milgram) 교수가 세상이 얼마나 좁은가를 알기 위해 흥미로운 실험을 실시하였다[13]. 미국의 네브라스카 주 거주자 중 무작위 선택된 사람들과 보스턴 거주자 중 무작위 선택된 사람들, 그리고 네브라스카 주 증권업 종사자 중 무작위로 선택된 사람들에게 보스턴 근교에 사는 증권업자 A씨에게 편지를 한 통 전달하도록 부탁했다. 이들이 A씨를 직접 모르고 있는 경우에는 주변에 A씨를 알 만한 사람들을 통해 편지를 전달하도록 하였다. 편지는 이와 같이 사람에서 사람으로 전달되어 A씨에게 도착하였다. 이 실험에서는 편지가 몇 사람을 거쳐 A씨에게 도착하는가가 첫 번째 관심사였다. 특히, 네브라스카의 사람들 중 같은 직종을 가진 사람들을 출발점으로 한 경우를 따로 생각함으로써, 같은 직종을 가진 사람들끼리의 연결성과 전혀 무관한 직종을 가진 사람들끼리의 연결성을 비교할 수 있도록 하였다.

표 1.1에서 보는 바와 같이 30%에 가까운 편지들이 A씨에게 도착하였으며, 네브라스카에서 출발한 편지 중 같은 직종에 있는 사람들로부터 출발한 편지와 지역적으로 가까운 보스턴에서 무작위로 뽑힌 사람들로부터 출발한 편지들이, 네브라스카에서 무작위로 뽑힌 사람들로부터 출발한 편지들보다 높은 비율로 도착하였다.

표 1.1 밀그램 실험에서 도착한 편지의 업종별 비율

	네브라스카 무작위	네브라스카 증권	보스턴 무작위	계
도착	18 (24%)	24 (31%)	22 (35%)	64 (29%)
실종	58 (76%)	54 (69%)	41 (65%)	153 (71%)
계	76 (100%)	78 (100 %)	63 (100%)	217 (100%)

또한, 편지가 사람들의 손을 거칠 때마다 사람들이 편지 봉투에 자신의 이름을 적게 하여 이로부터 편지가 몇 사람을 거쳐 도착했는지를 알 수 있도록 했는데, 그 결과 그림 1.1과 같은 통계를 얻을 수 있었다. 놀랍게도 편지는 평균 5.2단계 만에 보스턴의 A씨에게 도착하였다. 그림 1.1은 도착한 총 64개의 편지에 대하여 거쳐간 사람 수와 그 빈도를 그린 것으로, 두 개의 봉우리가 존재하는데 첫 번째 봉우리는 네브라스카에 사는 증권업자들 손에서 출발하여 도착한 편지가 대부분이고, 두 번째 봉우리는 무작위로 뽑힌 사람들로부터 출발한 편지가 대부분이다. 즉, 직업에 의한 연결이 훨씬 좁은 연결이 될 수 있다는 것을 보여주고 있다. 이 결과에서 주목할 만한 것은 5.2단계만 거치면 미 중부와 동부에 살고 있는 사람들이 연결된다는 것이다. 이와 같은 연구로부터 소위 '6단계 분리(Six degrees of separation)'라는 용어가 탄생하게 되었고, 이 용어는 우리가 사는 세상이 '좁은세상(small world)'이라는 사실을 표현하는 용어로 널리 쓰이게 되었다.

1.2 한국에서의 좁은세상 실험

21세기 들어 일어난 네트워크 연구에 대한 열풍에 힘입어 한국에서도 좁은세상에 대한 실험이 있었다. 연세대의 김용학 교수님과 그 공동

연구자들은 밀그램의 실험 방법과 비슷한 방법으로 실험을 실시하였다[14]. 1960년대의 실험에서는 우편을 사용하였지만 한국에서 실시한 실험에서는 다양한 통신 방법을 사용하였다. 매 단계마다 모니터하는 사람을 통해 연결이 이루어지게 함으로써 모르는 사람일지라도 오해 없이 메시지가 전달될 수 있도록 하였다.

조사는 다음과 같이 진행되었다. 목표 인물의 성별, 연령, 집 주소, 직장, 직장 주소, 군복무 기간 및 지역, 출신 학교 등의 정보가 서울, 부산, 대구, 광주, 대전 등 5대 도시에서 성과 연령대별로 선발한 108명의 출발자에게 제공되었다. 목표 인물은 모 대학 출신이고 서울에 거주하는 모 회사 직원이었다. 108명으로부터 출발한 연결 중에서 최종적으로 목표 인물에게 도착된 연결은 17개, 즉 15.7%에 불과하였다. 조사자들은 이러한 저조한 성공률에 대한 이유 중 하나로 한국인들이 자신의 일에 너무 바빠서 남의 일에 신경 쓰지 않고 지낸다는 점을 꼽았다. 성공적으로 도착한 17개의 연결 결과를 가지고 연결 고리를 조사하면 평균 4.6단계를 걸쳐 목표 인물에 도착한 것을 알 수 있었다. 즉, 앞서 소개한 밀그램 교수의 5.2단계보다 다소 적은 단계이지만 지역적으로 한국이 좁다는 것을 감안하면 비슷한 결과를 얻었다고 할 수 있다. 미국의 조사에서는 흑인에서 시작한 경우 백인으로 건네주는 비율이 저조하여 인종의 장벽이 심하게 있었던 데에 반하여 한국에서는 여성으로부터 시작하는 경우 남성으로 전달되는 비율이 저조하여 성별의 장벽이 매우 높음을 알 수 있었다. 또한 연결은 대학 친구, 선·후배 또는 직장 동료를 통해 가장 많이(약 56%) 이루어짐을 알 수 있었다. 이것은 평소에 생활 환경이 같은 공동체에 있는 사람을 통해 관계가 많이 이루어지고 있다는 것을 의미한다. 또한, 소득이 비슷한 사람들끼리 잘 연결되어 있는 것도 알 수 있었다. 이러한 실험 결과에서

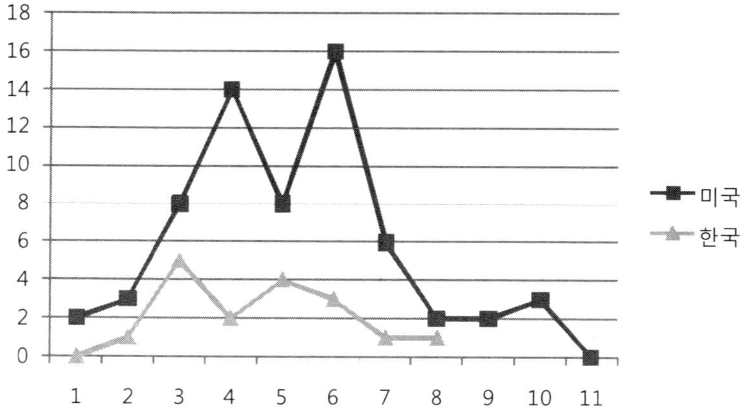

그림 1.1 좁은세상 실험 결과: 목표 인물에 도착하는 데 걸린 단계 수(x축)와 빈도(y축). 미국의 경우와 한국의 경우.

발견할 수 있는 것은 사람 사이의 연결이, 소위 유유상종(homophily)이라 부르는, 끼리끼리 모이는 모습을 강하게 보인다는 것이다. 이러한 사회 연결망의 특징은 인터넷이나 생물 단백질 연결망 등에서 서로 다른 성질의 노드끼리 이웃해 연결되어 있는 특징과는 상반된다.

1.3 좁은세상이 왜 만들어질까

이런 좁은세상은 왜 만들어질까? 한 사람이 평균 n명의 사람을 알고 지낸다고 할 때, 5단계를 거치면 n^5의 사람에게 다다를 수 있다. 물론 내가 아는 친구를 나의 친구가 알기도 하기 때문에 이보다는 훨씬 적은 사람들이 세어지겠지만, 가장 단순한 방법으로 셈하는 경우에는 그렇게 된다고 할 수 있다. 만약 n이 100명이라고 할 경우에 5단계를 거치면 100^5명 대략 100억 명에 해당된다. 이를 수식으로 표현하면 다음과 같다. D라는 단계를 거치면서 세어지는 총 사람 수 N은 $N = n^D$이 되고, 따라서

$$D = \frac{\log N}{\log n} \sim \log N \tag{1.1}$$

이 된다. 총 사람 수 N이 주어졌을 때 $\sim \log N$에 비례하는 단계를 거치면 모두 연결될 수 있다는 것이다. 이러한 현상을 좁은세상(small world) 현상이라고 한다. 참고로 2차원의 유클리디안 격자 공간에 N명의 사람들이 각 꼭짓점에 있다고 할 경우 한쪽 끝에서 다른 한 쪽 끝으로 연결하려면 $\sim N^{1/2}$명의 사람을 거쳐야 한다. N이 매우 클 경우에 로그 함수와 멱함수가 적용되는 시스템에서 D와는 차이가 매우 크다.

한 사람이 평균적으로 얼마나 많은 사람을 알고 지낼까? 이것을 추론하기 위한 시도가 어느 사회학자에 의해 수행되었다. 솔라 풀(Sola Pool)은 100일 동안 한 사람의 활동을 추적하면서 새로 만나는 사람의 수를 세었다[15]. 처음에는 많은 사람들이 세어지다가 시간이 갈수록 새로운 사람의 수는 점점 작아질 것이다. 줄어드는 수의 경향을 분석한 솔라 풀은 한 사람이 대략 3,500명의 사람을 알고 지낸다고 추측하였다. 또 다른 방법으로 전화번호부에서 무작위로 300명의 이름을 추출하여 이들 중에 아는 사람이 있으면 체크하라고 한 다음 체크된 수를 바탕으로 통계적 방법을 사용하여 추론한 연구가 있다[16]. 이와 같은 방법을 통해 추론된 사람 수는 대략 5,520명이 되었다[17]. 물론 이와 같은 결과는 조사 대상에 따라 많이 달라질 수 있다. 또, 한쪽에서는 알지만 상대방은 모르는 경우도 포함된다. 따라서 어떤 사람이 얼마나 많은 사람들을 알고 지내는지는 정확하지 않지만 위의 두 방법을 통

해서 추론해 보면 대략 3,000명에서 5,000명의 사람을 알고 지낸다는 것을 알 수 있다.

1.4 좁은세상 네트워크에 대한 스케치

사람과 사람의 관계를 그래프를 이용하여 이해하여 보자. 이 방법은 제3장에서 소개할 Erdős와 Rény(ER)의 무작위 네트워크(random network)에 대한 연구[18]에서 비롯되었다고 할 수 있다. 이 모형에서는 N명의 사람이 있다고 가정하고, 사람과 사람 사이에 p라는 확률로 연결선이 있다고 생각하는 것이다. 예를 들어 어느 모임에 N명의 사람이 모였는데 그들은 사전에 전혀 알지 못하는 사람들이었다고 가정하자. 시간이 지나면서 서로 인사를 나누면서 알게 된다. 이를 그래프적으로 보면 두 노드 간에 연결선이 만들어진다고 생각할 수 있다. 이러한 연결선이 무작위로 p라는 확률이 존재한다고 표현한 것이 ER의 무작위 네트워크 모형이다(그림 1.2). 나중에 다시 언급하겠지만 두 노드 간에 연결선이 있다 없다고 기술하는 방법과 두 노드간에 연결선이 어떤 확률을 가지고 존재한다고 하는 것은 기술하는 방법에서 다르다. 그러나 통계적인 측면에서는 같은 결과를 가져다 줄 수 있다.

수학적으로 그래프는 여러 점들과 이러한 점들을 연결하는 연결선들로 구성되어 있다. 점과 연결선을 각각 노드(node)와 링크(link)라고 부른다. 최근에는 인터넷의 영향으로 그래프라는 용어 대신 네트워크라는 용어가 친숙해 있기 때문에 본 총서에서도 그래프라는 용어 대신 네트워크 또는 연결망이라는 용어를 사용하기로 하겠다. 사람과 사람의 관계를 이해하기 위해 사람을 노드로, 인지 관계를 링크로 취급하여 그래프를 그릴 수 있다. 즉 아주 단순하게 두 사람이 서로 아는 사이이면 링크가 있고, 모르면 링크가 없는 것으로 생각할 수 있다. 물론 서로

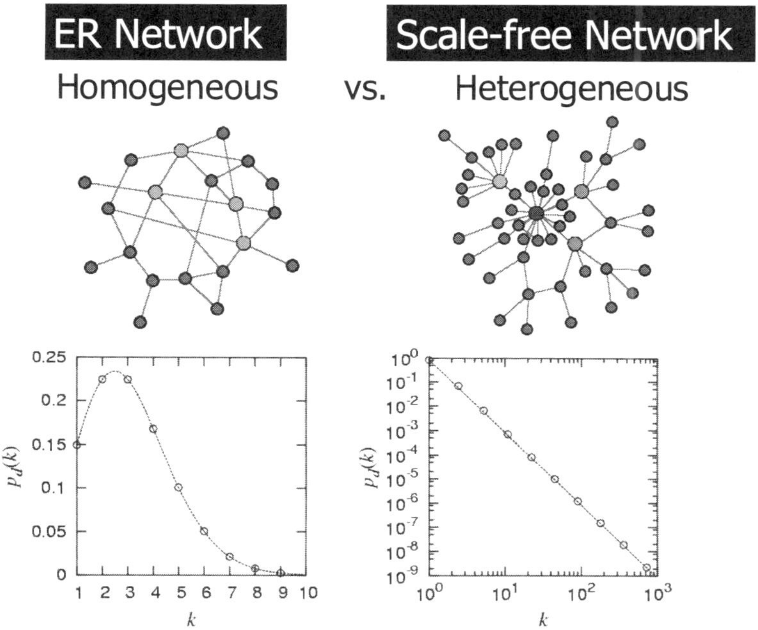

그림 1.2 무작위 네트워크와 척도 없는 네트워크와의 비교: 위 두 그림은 전형적인 네트워크의 모습이다. 아래 두 그림은 도수분포를 그린 그림이다. 아래 왼쪽은 선형 축척을 사용하였다. 아래 오른쪽은 로그 축척을 사용하였다.

얼마나 잘 아는 사이인가를 표현하기 위하여 링크에 가중치(weight)를 주어 표시할 수 있으나 우선 간단한 경우인 가중치가 없는 경우를 생각하기로 하자. 이렇게 사람과 사람간의 인지관계를 네트워크로 그려놓고 여기서 나타나는 성질, 예를 들어 어떻게 사람들이 집단을 이루고 있는지, 어떤 사람이 마당발인지에 대하여 이해하는 것은 매우 흥미로운 것이라 할 수 있다. 이러한 연구는 인사관리, 조직관리, 선거

운동 등 여러 방면에서 유용하게 사용할 수 있기 때문에 사회학에서도 오래전부터 깊은 관심을 가지고 연구하고 있다[19].

최근 에르도쉬와 레이니(ER) 이후 네트워크 연구가 많은 관심을 받게 된 이유는 Watts와 Strogatz(WS)가 1998년 발표한 논문을 들 수 있다[20]. WS는 영화배우 네트워크, 선충(C. elegans)의 신경망, 전력망에서 결집계수(clustering coefficient)라는 수학적인 양을 측정하였다. 그들은 위의 실재하는 네트워크에서 측정한 결집계수 값이 ER의 무작위 네트워크 모형에서 얻은 값에 비하여 현저히 차이가 있다는 데 주목하고 이를 설명하기 위해 '좁은세상-네트워크' 라고 부르는 모형을 제시하였다. 여기서 결집계수라고 하는 것은 뒤에서 자세히 소개하겠지만 네트워크에서 세 개의 노드를 잇는 삼각형이 얼마나 많이 존재하는가를 나타내는 수학적인 양이다. 이 좁은세상-네트워크 모형은 제4장에서 자세히 소개하겠지만 규칙적인 유클리디안 네트워크를 약간 변형시킨 것으로(그림 1.3) 이 모형은 실재하는 여러 네트워크에서 얻은 결집계수 값과 비슷한 값을 준다는 측면에서 좋은 모형이 되었다. 이 모형에서는 먼 거리에 떨어져 있는 노드 간에 링크를 이어 줌으로써 좁은세상 현상, 식 (1.1)을 만족하는 네트워크가 되었다. 이 모형은 곧이어 소개될 척도 없는 네트워크를 낳는 산파 역할을 하게 되었다.

WS의 논문이 발표된 후 사람들은 월드-와이드 웹의 구조에 대한 관심을 가지게 되었다. 이에 Albert, Jeong, Barabási[21] 그룹과 Huberman과 Adamic[22] 그룹은 월드-와이드 웹 구조에 관심을 가지고 연구하였다. 월드-와이드 웹이란 어느 한 웹 페이지에서 설정해 놓은 하이퍼링크를 따라 웹 페이지 간에 서로 연결된 네트워크를 의미한다. 예를 들어 나의 개인 웹 페이지에 서울대 물리학부(phya.snu.ac.kr), preprint arXiv(xxx.snu.ac.kr), google.com 등이 연결되어 있다고 하자. 이들 웹

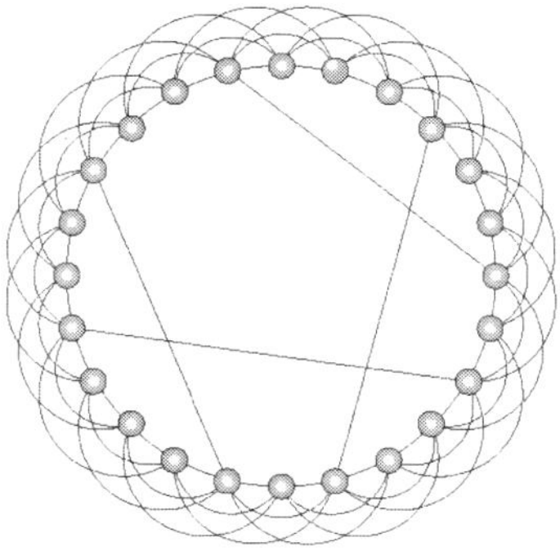

그림 1.3 Watts와 Strogatz가 제시한 좁은세상 네트워크

페이지에 클릭하여 들어가면 또 다른 웹 페이지들이 하이퍼링크되어 있다. 꼬리에서 꼬리를 물고 계속 연결된 네트워크를 따라 여행하는 것을 쉽게 상상할 수 있을 것이다. 이들의 연구 결과는 매우 흥미로웠다. 어떤 한 노드(웹 페이지)에 연결된 연결선의 수—그래프이론에서는 이를 도수(degree)라고 부른다—는 노드마다 매우 불균일하고, 이들의 분포함수는 멱함수 법칙(power law)을 따른다는 것을 알게 되었다. 여기서 연결선의 수는 어떤 웹 페이지 A에서 하이퍼링크된 웹 페이지의 개수를 의미하는 나가는-연결선수(out-degree)와 A라는 웹 페이지는 모르지만 다른 웹 페이지들로부터 A 웹 페이지로 연결되는 경우인 들어오는-연결선수(in-degree)가 있을 수 있다. 연구결과는 나가는-연결선수와 들어오는-연결선수 분포 함수 모두 멱함수의 꼴을 따른다는 것이었다. 멱함수 법칙이란 분포함수를 $P_{\mathrm{d}}(k)$라고 할때—여기서 k는 도수이다—$P_{\mathrm{d}}(k) \sim k^{-\gamma}$의 꼴을 따른다는 것을 의미한다(그림 1.2). 이러한 멱함수 꼴을 갖는 것은 특히 지수 γ가 실제 존재하는 네트워크에서 얻을 수 있는 $2 < \gamma < 3$의 경우에는 분산이 존재하지

않고 발산하기 때문에 어떤 특정한 척도가 없다는 것을 의미하게 되고 이러한 성질을 갖는 네트워크를 척도 없는 네트워크(scale-free network)라고 부른다[23]. 이 멱함수 꼴을 따르는 네트워크는 푸아송 분포를 따르는 무작위 네트워크에 비하여 도수가 매우 큰 노드(웹 페이지)가 존재한다. 이러한 도수가 큰 노드(웹 페이지)를 허브라고 부른다. 이 척도 없는 네트워크는 도수지수(degree exponent)가 $\gamma > 3$일 때 좁은세상의 성질, 즉 식 (1.1)을 만족시키며, $2 < \gamma < 3$일 때는 울트라 좁은세상이라고 하는 $D \sim \log\log N$을 만족하는 더욱더 좁은세상을 보여주고 있다[24]. 그러나 이러한 성질은 도수 간의 상관관계가 없는 척도 없는 네트워크 모형으로부터 얻은 것이다. 최근 연구에서는 실제 존재하는 일부의 척도 없는 네트워크, 예를 들어 단백질 상호작용 네트워크, 월드-와이드 웹 등에서 프랙탈 성질이 있는 것으로 나타났다. 이러한 프랙탈 네트워크에서는 좁은세상 성질이 나타나지 않을 수도 있다.

월드-와이드 웹에 대한 논문이 발표된 이후 지금까지 척도 없는 네트워크에 대한 연구 논문이 폭발적으로 발표되고 있다. 이에 대한 배경은 척도 없는 네트워크가 21세기의 주요한 연구 대상으로 떠오르고 있는 복잡계를 간단히 기술할 수 있기 때문이라고 생각된다. 복잡계에 존재하는 많은 구성원들과 그들 상호 간에 작용하는 상호작용은 네트워크의 노드와 링크로 기술할 수 있다[25, 26, 27]. 수억 개의 웹 페이지들이 서로 간에 하이퍼링크로 연결되면서 만들어 내는 연결선수 분포함수가 멱함수 분포를 이루고 있다는 것은 복잡계에 어떤 질서가 존재한다는 것을 보여주는 한 예라 할 수 있다. 연결선수 분포가 멱함수 법칙을 따른다는 것은 임계현상에서 나타나는 열역학적 물리량들이 멱함수 분포에 따른다는 것과 같이 생각될 수 있다. 또 이 사실은 자체 조절 임계현상에서 나타나는 멱함수 법칙이라고 생각될 수 있다. 이러한 멱함수 법칙이 일어난다는 것은 다양성이 나타나는 것을 의미하기도 한다. 임계현상 이론에서는 멱함수 법칙을 결정짓는 임계지수들은 물질의 구체적인 성질, 예를 들면 물질의 종류 등에는 무관하고 스핀 등 어떤 양의 상태 수와 그 물질이 놓여 있는 공간차원에만 의존한다고 알려져 있다. 이러한 성질을 보편성(universality)이라고 한다. 복잡계 네트워크에서도 이러한 보편성이 존재하는지에 대하여 물리학자들은 관심있게 연구하고 있다.

네트워크 이론은 사회학에서만 유용하게 쓰이는 것만이 아니고, 생물학, 경제학, 컴퓨터공학 등 여러 분야에서 유용하게 쓰인다. 생물학에서는 최근 네트워크 이론을 빌려 여러 단백질들 간의 상호작용으로 생기는 발현(emerging) 현상을 이해하고자 하는 연구가 수행되고 있다. 이러한 연구를 시스템즈 생물학(systems biology)이라고 부른다. 이러한 연구분야가 탄생한 배경은 여러 가지 실험 기술의 발달로 인하여 많은 데이터들이 쉽게 얻어지고 있고 이러한 데이터들을 대규모로 처리하여 전체적인 모습을 파악하는 방법이 필요한 시점이기 때문이라고 할 수 있다. 예를 들어 단백질 상호작용 네트워크(protein interaction network)를 생각해 보자. 이 네트워크에서는 노드가 단백질을 의미하고 두 단백질이 서로 물리적으로 상호작용이 가능하면 서로 간에 연결선이 존재한다. 또한 신진대사 반응 네트워크는 신진대사 작용이 일어나는 일련의 화학 반응을 네트워크로 나타낸 것으로 어떻게 네트워크를 만들 수 있는지에 대해서는 5.5절에서 설명을 하고자 한다. 이러한 네트워크를 구성하고 나면 생화학반응 또는 생리현상을 제어할 수 있는 방법을 찾는 데 편리하고, 유사한 기능을 가지고 있는 단백질들이 전체 구조 속에서 끼리끼리 모여 있어서 기능을 모르는

미지의 단백질들의 기능을 쉽게 유추할 수 있기 때문에 매우 흥미로운 연구분야로 관심을 받고 있다. 특히 유전자 배열이 밝혀지면서 유전자가 만들어내는 단백질의 상호작용에 많은 관심을 갖는 것은 당연한 일이고, 따라서 네트워크를 이용한 분자생물학적 연구는 앞으로 더욱 폭발적으로 수행될 수 있다고 할 수 있다[28].

오늘날 흔히 생각할 수 있는 인터넷도 정보 네트워크의 전형적인 예이다. 여기서 노드는 라우터 또는 자동 제어시스템(autonomous system)에 해당되고, 두 라우터가 케이블로 연결되어 있으면 연결선이 있는 것으로 생각할 수 있다[4]. 인터넷 연결망이 어떻게 구성되어 있는 것이 정보 전달에 효과적일 수 있을까 하는 것에 대하여 많은 연구가 수행되고 있다.

복잡계 네트워크 연구 분야는 구조적 특성 연구, 네트워크 위에서 일어나는 동역학 현상 연구, 네트워크 구조의 진화현상 연구 등으로 크게 구분할 수 있다.

먼저 네트워크 자체의 성질을 다루는 네트워크 구조적 특성 연구에 대하여 살펴보자. 연구 초창기에는 네트워크 연결선수 분포의 불균일성을 측정하는 척도 없는 네트워크 구조에 대한 연구가 많이 이루어졌고 그 중, 연결의 유무만을 통해서 네트워크 구조를 기술하는 연구가 주류를 이루었다. 최근 네트워크 구조에 대한 일반적인 기술로서 노드 사이의 각 연결 혹은 상호작용의 세기가 가중치(weight)를 가지는 가중치 네트워크에 대한 연구가 이루어지고 있다. 실제로 인터넷에서 데이터들의 전송속도, 항공망에서의 승객들의 수, 사회연결망에서의 인지정도, 세포 내의 신진대사망에서의 반응률 등 가중치를 고려해야 하는 네트워크들이 많이 존재하며 이러한 가중치 네트워크를 연구함으로써 네트워크 특성을 정량적으로 이해하는 데 도움이 된다는 것이 알려지고 있다[12].

척도 없는 네트워크는 기능적인 이유에서 또는 지형적인 이유에서 모듈(module)이라는 구조를 가지고 있다. 즉 같은 기능을 가지는 부서 또는 집단에 속해 있는 사람들은 매우 긴밀히 연결되어 있지만 다른 기능을 지니는 집단에 속해 있는 사람들과는 성기게(sparse) 연결되어 있다. 이와 같은 모듈구조에 대한 이해를 심도 있게 찾아내는, 예를 들면 모듈구조 속에 숨어있는 보편적 성질을 찾아내고자 하는 연구가 최근 수행되고 있다. 또한 네트워크에서 모듈구조를 찾아내고자 하는 연구도 수행되고 있다. 크기가 큰 네트워크에서 모듈의 경계를 확인하기 위한 보다 좋은 알고리즘을 개발하기 위해 기존의 물리학에서 사용하는 방법, 예를 들어 행렬의 고유치와 고유벡터를 이용하는 방법 등을 사용하여 모듈을 찾아내는 연구가 진행되고 있다. 이러한 연구는 기능이 알려져 있지 않은 단백질의 기능을 찾아내는 데 유용하게 쓰인다. 단백질 상호작용 네트워크에서는 기능이 같은 단백질들이 서로 모듈을 만들어내는 성질을 가지고 있으므로 수학적인 방법을 이용하여 모듈을 찾아내고, 그 모듈 속에 있는 기능이 알려진 단백질을 조사함으로써 기능이 알려지지 않은 단백질의 기능을 예측하게 되는 것이다[12].

척도 없는 네트워크에서는 연결선이 많은 허브 때문에 임의의 두 노드 사이의 평균거리 $\langle D \rangle$는 총 노드 수 N에 로그적으로 의존한다. 즉 유클리드 격자공간에서 멱함수로 의존하는 성질, $\langle D \rangle \sim N^{1/d}$(여기서 d는 유클리드 공간의 차원)과는 달리 척도 없는 네트워크에서는 소위 좁은세상 성질 즉 $\langle D \rangle \sim \ln N$ 또는 $\langle D \rangle \sim \ln \ln N$의 성질을 보인다. 그러나 척도 없는 네트워크에서도 고리(loop)가 없고, 나무(tree) 구조를 가지고 있는 특별한 네트워크에서는 멱함수로 의존하는 경우가 생기게 된다. 이러한 네트워크를 프랙탈 네트워크라고 한다. 프랙탈 네트워크는 정확히 나무 구조가 아니고 국소적인 고리가 존재할 경우에도 프랙탈의 성질을 보이게 된다. 흔히 프랙탈 구조는 부분에서 전체의 모습과 닮은 구조 즉 자기 유사성(self-similarity)을 가지고 있다고 알려져 있다. 그러나 척도 없는 네트워크에서는 프랙탈 네트워크가 아니더라도 자기유사성이 존재하는 예가 존재함이 밝혀졌고 따라서 새로운 개념 설정이 요구되게 되었다[29].

네트워크의 구조적 특징에 관한 근본적인 문제 중의 하나는 척도 없는 네트워크에서 나타나는 보편성(universality)은 무엇일까 하는 질문이다. 이는 특히 물리학자들에게는 큰 관심의 표적이 되는데 필자들에 의해 제안된 부하(load) 또는 중앙성(betweenness centrality)은 이러한 보편성을 결정하는 좋은 대상이 되었다[30, 31]. 이 양에 따라 척도 없는 네트워크를 두 가지 종류로 나누었는데 하나는 나무 구조, 또 다른 하나는 나뭇가지들을 연결하는 고리 구조가 매우 복잡하게 얽혀 있는 구조이다[32]. 이러한 구조적인 특징을 고려하여 임의의 네트워크에 대하여 소위 skeleton이라는 네트워크의 골격을 찾아내는 알고리즘을 고안하였고, 또 skeleton을 이용하여 네트워크에서의 프랙탈 축척(fractal scaling) 성질의 근원을 밝힐 수 있었다[33, 34].

두 번째 연구 분야는 네트워크상에서의 동역학 문제이다. 예를 들어 인터넷 등과 같은 정보 네트워크에서 데이터 전송, 에너지 및 정보의 이동, 컴퓨터 바이러스나 전염병의 확산 현상, 여러 진동자들이 네트워크를 통해 상호작용을 하면서 일으키는 동기화 현상 문제, Contact Process(CP) 등으로 일어나는 비평형 상전이 현상 문제 등도 활발히 연구되고 있는 분야이다. 이와 같은 연구는 종래 프랙탈 구조 위에서의 동역학 현상 연구를 자연스럽게 확장한 것이라 볼 수 있다. 특히 허브의 존재로 말미암아 동역학에 미치는 영향을 연구하기도 하고, 확산을

억제하기 위한 방지책을 제시하기도 한다. 최근에는 국제항공당의 여객수를 조사하여 사람들의 이동을 조사하였고 사람들의 이동을 통해 조류독감의 전염이 어떻게 확산되고 있는지에 대한 연구도 진행되고 있다.

또한 척도 없는 네트워크 위에서 기존의 통계물리학의 문제들, 예를 들어 이징(Ising)모형, Potts 모형, 스핀 유리(spin glass)모형들의 특성을 연구하고 이 결과를 복잡계에 적용하여 여러 가지 응용적인 측면을 연구한다. 예를 들어 dyads 문제, 스미기(percolation), 데이터 통신에서의 오류정정(error correction) 등이다.

세 번째 연구 분야는 복잡계 네트워크의 진화 현상이다. 이 연구는 어떻게 사회연결망이 구성되는지, 어떻게 생명체의 단백질 상호작용 네트워크가 진화되는지, 어떻게 웹 페이지들이 형성되며, 진화해 나가는지 등을 이해하는 것과 크게 관련이 있다.

이렇듯 다양한 방향으로 분화되어 연구되고 있는 복잡계에 대한 네트워크 방법론은 그 영역과 한계를 점차 넓혀나가고 있는데, 단적으로 1998년 이후 발표된 논문 중에서 복잡계 네트워크를 키워드로 갖는 논문의 수를 살펴보면 폭발적인 증가 추세에 있는 것을 알 수 있다. 1998년 Watts와 Strogatz의 "small-world network"[20] 논문으로 시작된 네트워크 연구는 Albert, Jeong, Barabasi의 "scale-free network"[23] 논문 발표를 기폭제로 본격적인 증가세를 나타내고 있으며 지금은 물리 분야 이외에도 사회학, 경제학, 컴퓨터공학, 생물학 등 다양한 분야에서 그 실용성이 입증되고 있다. 일례로 경제학에서는 효율적이고 안정적인 portfolio 구성 방법을 제시하고, 컴퓨터공학에서는 인터넷의 정확한 topology를 만들어낼 수 있는 모형을 고안하고 있다. 또한 생물학 분야에서는 다양한 네트워크 분석을 통해서 생명현상을 좀 더 올바르게 이해하는 데 커다란 기여를 하고 있으며 앞으로 시스템 생물학 분야에서 필수불가결한 부분으로 확고한 자리매김을 할 것으로 예상된다.

코넬 대학의 스트로가츠(Steven Strogatz) 교수에 따르면, 매 10년마다 알파벳 'C'로 시작하는 중요한 이론들이 나타났다고 한다. 1960년대에는 사이버네틱스(Cybernetics), 1970년대에는 카타스트로피 이론(Catastrophe theory), 1980년대에는 혼돈 이론(Chaos theory), 그리고 1990년대에는 복잡계 이론(Complexity theory)이 그것이라고 했다. 물론 약간은 억지스러운 말이긴 하지만, 최근 여기저기서 나타나고 있는 복잡계에 관한 폭발적인 관심으로 미루어볼 때, 꼭 틀린 말은 아닌 듯하다. 사실 복잡계에 대한 연구는 영국의 저명한 물리학자들이 20세기를 마무리하며 꼽은 물리학의 10대 미해결 연구 과제 중 하나이며, 또한 미국 과학재단(NSF)이 선정한 4대 주요 연구 과제 중 하나로 꼽힐 만큼 중요한 연구 분야임에 틀림없다. 경우에 따라서는 연구 분야라고 하기보다 그 다양한 응용 및 적용 분야로 말미암아 여러 학문 분야의 새로운 패러다임으로써의 방법론적인 측면이 더 강조되기도 한다. 그중에서도 지금까지 살펴본 '복잡계 네트워크 이론'은 복잡계를 이해하는 새로운 방법론으로 받아들여지고 있으며, 다양한 학문 분야에서 주목을 받고 있다. 이렇듯 네트워크 과학은 여러 학문 분야에서 새로운 발견이 일어날 수 있도록 해주는 도약대이다. 물론 지금까지의 네트워크 과학의 발전 단계가 복잡계의 모든 난제에 대한 해답을 정확히 제공할 수준은 아니다. 그러나 네트워크 과학이 세상의 여러 가지 문제에 대한 해결 실마리를 제공하는 데 일정 부분은 기여할 수 있을 것 같다. 생태계 파괴의 문제점을 해결하기 위해서는 어떠한 생물을 보호, 혹은 제한해야 하는가? 부의 불균형, 장기적인 경기침체 등 경제계에서 일어나고 있는 여러 문제점들을 조정하고 해결하기 위해서는 어떤 네트워크 부분을 살펴봐야 하는가? 생명체의 기본 구성요소라고 하는 유전자들이 어떻게 조합하여 생명 현상을 드러내는 것일까? 이러한 모든 수수께끼들이 당분간 풀리지 않을 수도 있지만, 복잡계 네트워크 과학은 이 문제들을 풀 수 있는 토대를 제공할 수 있을 것이다. 물리학은 특히 통계물리학은 현재 그러한 토대를 쌓아올리는 데 중요한 역할을 하는 학문으로 앞으로도 복잡계 연구에 더 많은 기여를 할 것으로 기대한다.

제 2 장

네트워크 분석

제 2 장 네트워크 분석

2.1 네트워크의 종류

(i) 시간에 따라 노드의 개수가 증가하는 네트워크를 성장 네트워크(growing network)라고 하고, 증가하지 않고 고정된 경우의 네트워크를 정적 네트워크(static network)라고 한다. 인터넷, 월드-와이드 웹과 같은 네크워크는 새로운 라우터, 웹 페이지가 지속적으로 만들어지고 있기 때문에 성장 네크워크의 대표적인 예라 할 수 있다. 앞에서 예를 든 것처럼 홀 안에 갇혀 있는 사람들이 만들어내는 네트워크는 정적 네트워크이다.

(ii) 성장 네트워크 중에서 노드 수의 증가 속도보다 링크 수의 증가 속도가 빠른 네트워크를 가속 성장 네트워크(accelerated growing network)라고 한다. 가속 성장 네트워크는 노드 수의 증가 속도와 링크 수의 증가 속도가 같은 등속 성장 네트워크와는 다른 특성이 있다[35].

(iii) 링크에 방향이 있는 경우와 없는 경우가 있는데, 전자의 경우를 방향성 네트워크(directed network), 후자의 경우를 비방향성 네트워크(undirected network)라고 한다. 세포 안에서 에너지를 만들어내는 신진대사 네트워크(metabolic network)에서는 두 화학 물질이 반응하여 새로운 물질을 만들어내는데 그 역반응은 일어나지 않는 경우가 종종 있다. 이러한 화학 반응을 표시하는 네트

워크는 방향성 네트워크의 대표적 예이다.

(iv) 링크에 가중치가 없는 경우, 즉 두 노드 사이의 링크가 있다 또는 없다만을 생각하는 네트워크를 이원성 네트워크(binary network)라고 하고, 가중치가 있는 네트워크를 가중치 네트워크(weighted network)라고 한다. 예를 들어 사회연결망에서 두 사람 사이가 얼마나 잘 아는 사이인지는 고려하지 않고 단순히 알고 있다 없다만을 생각한 네크워크는 이원성 네트워크이고 얼마나 잘 아는지를 고려한 네크워크는 가중치 네트워크이다.

(v) 노드가 한 가지 종류로 구성되어 있는 경우의 네트워크를 단종 네트워크(unipartite network)라 하고, 두 가지 종류의 노드로 구성되어 있고 링크는 반드시 서로 다른 종류의 노드끼리만 연결할 수 있는 네트워크를 이종분할 네트워크(bipartite network)라고 한다.

2.2 네트워크 구조 용어

(i) 도수(degree): 노드 i에 연결된 링크 수 k_i를 도수라고 한다. 각 노드의 도수 $\{k_i\}(i = 1 \cdots N)$들의 분포함수를 도수분포함수(degree distribution)라고 하고 $P_{\mathrm{d}}(k)$로 표시한다. 이 양은 도수가 k인 노드 수를 총 노드 수 N으로 나눈 양으로 정의된다. 따라서 $\sum_k P_{\mathrm{d}}(k) = 1$이다. 이 분포함수가 멱함수를 따른다는 것은 k가 클 때

$$P_{\mathrm{d}}(k) \sim k^{-\gamma} \tag{2.1}$$

에 따른다는 것을 의미한다. 여기서 지수 γ를 도수 지수(degree exponent)라고 한다. 식 (2.1)은 $\exp(-ak)$ (a 는 상수)로 표현되는

지수함수 꼴의 분포함수보다 천천히 감소한다는 것을 의미한다. 앞의 식 (2.1)처럼 완전히 멱함수 꼴은 아니지만 k가 매우 큰 영역에서 (2.1)처럼 행동하는 경우, 예를 들어

$$P_{\mathrm{d}}(k) \sim (k + k_0)^{-\gamma} \tag{2.2}$$

와 같은 분포함수를 꼬리가 뚱뚱한(fat-tailed) 분포함수라고 한다. 또는 일반적인 Pareto식이라고 부른다[36, 37, 38]. 여기서 k_0는 샘플에 의존하는 상수이다.

도수분포함수가 식 (2.1)로 주어졌을 때 $P_{\mathrm{d}}(k) > 0$을 만족하는 k의 영역이 $1 \leq k \leq k_{\max}$로 주어진다고 하자. $k_{\max}$는 $k \geq k_{\max}$의 영역에서 존재하는 노드 수가 $\mathcal{O}(1)$개 존재한다는 사실로부터 $\int_{k_{\max}}^{\infty} k^{-\gamma} dk \sim 1/N$라는 식이 성립되고 따라서

$$k_{\max} \sim N^{1/(\gamma-1)} \tag{2.3}$$

로 주어진다. $k_{\max}$를 natural cutoff라고 부른다. 그러나 $k_{\max}$는 모델에 따라 달라질 수 있다. 링크 수의 평균값

$$\langle k \rangle = \sum_k k P_{\mathrm{d}}(k) \Big/ \sum_k P_{\mathrm{d}}(k)$$

는 $2L/N$이다. 여기서 L은 총 링크의 개수이다.

$$\begin{aligned} \langle k^n \rangle &= \int_1^{k_{\max}} k^n P_{\mathrm{d}}(k) dk \Big/ \int P_{\mathrm{d}}(k) dk \\ &\sim k_{\max}^{n+1-\gamma} \sim N^{(n+1-\gamma)/(\gamma-1)} \end{aligned} \tag{2.4}$$

식을 이용하면 $\langle k\rangle \sim N^{(2-\gamma)/(\gamma-1)}$이고, $\langle k^2\rangle \sim N^{(3-\gamma)/(\gamma-1)}$이다. $N \to \infty$로 가는 열역학 극한(thermodynamic limit)으로 갈 때 $2 < \gamma < 3$에서는 $\langle k\rangle$은 수렴하지만 $\langle k^2\rangle$은 발산하게 된다. $\langle k^2\rangle$이 발산한다는 것은 도수에 대한 분산 $\langle (k-\langle k\rangle)^2\rangle$이 발산한다는 것이다. 따라서 한 노드가 갖는 도수를 어림잡는다는 것이 불가능하다는 것을 의미한다. 이러한 성질 때문에 도수 분포가 식(2.1)로 표현되는 네트워크를 척도 없는 네트워크라고 부른다. $\gamma > 3$에서는 두 양이 모두 수렴하여 분산이 존재하지만 일반적으로 멱함수 꼴의 도수분포를 따르는 네트워크를 척도 없는 네트워크라고 부른다.

(ii) **평균거리(mean separation):** 지름이란 임의의 두 노드 간의 평균거리를 의미한다. 여기서 두 노드 간의 거리란 한 노드에서 다른 노드로 가는 데 지나가야 하는 최소 노드 수를 의미한다. 수식적으로는 평균거리 $\langle d\rangle$는 다음과 같이 정의된다.

$$\langle d\rangle = \frac{1}{N(N-1)} \sum_{i,j,i\neq j} d_{ij}. \tag{2.5}$$

d_{ij}는 노드 i와 j 사이의 최소 거리이다.

(iii) **효율(efficiency):** 효율이란 다음과 같이 정의된다.

$$\mathcal{E} = \frac{1}{N(N-1)} \sum_{i,j,i\neq j} \frac{1}{d_{ij}}. \tag{2.6}$$

이 양은 네트워크가 분리(disconnected)된 경우에 네트워크의 지름을 정의할 때도 사용된다. 이 경우 $d_{ij} = \infty$가 되어 지름을 계산할 때 생기는 발산을 없앨 수 있기 때문이다. 이때 두 노드 간의 평균 거리 $\langle d \rangle$를 $1/\mathcal{E}$로 간주하기도 한다.

(iv) **Betweenness Centrality(BC, 중앙성)와 부하(load)**: BC는 사회학자인 Freeman이 1977년 소개한 양이다[31]. 부하[30]는 네트워크 위에서 수송 현상을 연구하기 위해 소개된 양으로 BC와 정의에서는 약간 다르지만 성질 면에서는 거의 같기 때문에 많은 사람들은 혼동하여 사용하기도 한다. BC는 다음과 같이 정의된다. 노드 i의 BC는

$$b_i = \sum_{j,k \in N, j \neq k} \frac{n_{jk}(i)}{n_{jk}}. \tag{2.7}$$

여기서 n_{jk}는 노드 j와 k 사이에 최단거리를 갖는 경로(shortest pathway) 수이다. $n_{jk}(i)$는 그 경로 중에서 노드 i를 지나는 경로 수이다(제11장 참조).

부하(load)라는 양은 다음과 같이 정의된다.

$$\ell_i = \sum_{j,k \in N, j \neq k} \ell_{j \to k}(i). \tag{2.8}$$

여기서 $\ell_{j \to k}(i)$이라는 양은 노드 j에서 노드 k로 단위(unit) data packet이 보내질 때 packet은 최단 경로를 따라 이동하며 이동하는 동안 경로가 갈라지면 packet이 갈라지는 경로 수만큼 공평하게 나누어지다가 다시 경로가 만나면 나누어진 packet이 합쳐지는 방법으로 이동한다. 여기서 packet의 수는 정수가 아닌 실수도 가질 수 있다고 가정한다. $\ell_{j \to k}(i)$는 이 때 노드 i를 지나는 packet의 수이다. 모든 노드의 쌍 (j,k)에 대하여 단위 packet을 보내고 또 받을 때 i라는 노드를 지나가는 총 packet의 수를 ℓ_i로 표시하면 이를 노드 i에 걸리는 부하 양이라고 한다. 참고로 packet의 수가

실수가 될 수 있다는 가정은 다음과 같은 논리에 의해 타당하다. 즉, 많은 data들이 같은 두 노드 사이에서 이동을 하는 경우에 어떤 packet은 어떤 한 경로로, 어떤 다른 packet은 다른 경로로 움직일 수 있으므로 확률적으로 균등하게 나누어진다고 생각할 수 있고, 이는 packet이 나누어진다고 생각하는 것과 같아진다.

(v) **두 이웃 도수 간의 상관관계**: 도수가 k인 어느 한 노드의 이웃 노드들의 평균 도수를 $\langle k_{nn}\rangle(k)$라 표시한다[39]. $\langle k_{nn}\rangle(k)$는 k가 증가함에 따라 (a) 감소하는 경우, (b) 증가하는 경우, (c) 변하지 않는 경우가 있다. 평균적인 의미에서 (a) 감소하는 경우는 도수가 많은 노드와 적은 노드가 서로 연결되어 있다는 것을 의미하고, 이를 비유사성(disassortative) 결합이라고 한다. (b) 증가하는 경우는 도수가 많은 노드는 도수가 많은 노드와 연결되어 있고, 적은 노드는 적은 노드와 연결되어 있다는 것을 의미한다. 이를 유사성(assortative) 결합이라고 한다. (c) 변하지 않는 경우는 상관관계가 없다는 것을 의미한다. 일반적으로 인터넷이나 단백질 상호작용 네트워크들은 (a)의 성질이 있고, 사회연결망에서는 (b)와 같은 성질이 있다. 무작위적으로 연결된 네트워크에서는 (c)와 같은 성질이 있다.

k가 큰 영역에서는 상관함수 $\langle k_{nn}\rangle(k)$은 멱함수 꼴로 쓸 수 있는 경우가 있다. 즉

$$\langle k_{nn}\rangle(k) \sim k^{-\nu}. \tag{2.9}$$

(a)의 경우에는 $\nu > 0$이고, (b)의 경우에는 $\nu < 0$이며, (c)의 경우에는 $\nu = 0$이다.

링크가 무작위로 연결된 경우 도수 상관함수를 해석적으로 살펴보자. 어느 한 링크의 양쪽에 있는 노드 i, j의 도수를 k_i, k_j라

하자. 이때 상관함수 $P(k,k')$는 다음과 같이 기술된다.

$$P(k,k') = \frac{\ell_{k,k'}}{2L}. \tag{2.10}$$

여기서 $\ell_{k,k'}$은 양쪽의 도수가 k, k'인 연결선의 개수이고, L은 네트워크에 존재하는 총 링크의 수이다. 만약 두 노드 간에 상관관계가 없으면

$$P(k,k') = \frac{kP_{\mathrm{d}}(k)k'P_{\mathrm{d}}(k')}{(\sum_k kP_{\mathrm{d}}(k))^2} = \frac{kP_{\mathrm{d}}(k)k'P_{\mathrm{d}}(k')}{\langle k\rangle^2}. \tag{2.11}$$

만약 상관관계가 없는 척도 없는 네트워크인 경우에는

$$P(k,k') \sim k^{1-\gamma}k'^{1-\gamma} \tag{2.12}$$

가 된다. 이 결과는 바라바시-알버트 모형에 대하여 $k \gg k' \gg 1$인 경우 $P(k,k') \sim k^{1-\gamma}k'^{-2}$가 됨을 Krapivsky와 Redner가 밝힌 것과 비교하면 $\gamma = 3$인 경우만 같아진다는 것을 알 수 있다[40]. 또한 이 상관함수는 도수 k인 어느 한 노드가 존재하는 경우 이 노드가 도수 k'인 노드와 연결될 조건부 확률 $P(k'|k)$과 다음과 같이 관련되어 있다.

$$P(k',k) = P(k'|k)kP_{\mathrm{d}}(k)/\langle k\rangle. \tag{2.13}$$

이로부터 $\langle k_{\mathrm{nn}}\rangle$은 다음과 같이 유도된다. 먼저 상관관계가 없는 경우

$$
\begin{aligned}
\langle k_{\mathrm{nn}}\rangle(k) &= \sum_{k'} k' P(k'|k) \\
&= \sum_{k'} \frac{k' P(k',k)}{k P_{\mathrm{d}}(k)} \langle k \rangle \\
&\sim \sum_{k'} \frac{k'^2 P_{\mathrm{d}}(k')}{\langle k \rangle} \\
&\sim \frac{\langle k^2 \rangle}{\langle k \rangle}.
\end{aligned}
\tag{2.14}
$$

위의 결과 $\langle k_{\mathrm{nn}}\rangle(k)$는 k에 무관한 상수값을 가진다. 즉 도수 간의 상관관계가 없는 무작위 네트워크에 대하여 $\langle k_{\mathrm{nn}}\rangle$이 상수값을 갖는다는 것을 확인하였다.

바라바시-알버트 모형에서는

$$
\begin{aligned}
\langle k_{\mathrm{nn}}\rangle(k) &= \sum_{k'} k' P(k'|k) \\
&= \sum_{k'} \frac{k' P(k',k) \langle k \rangle}{k P_{\mathrm{d}}(k)} \\
&\sim \sum_{k'} \frac{k' k'^{-(\gamma-1)} k^{-2}}{k^{1-\gamma}} \\
&\sim k^{-3+\gamma}.
\end{aligned}
\tag{2.15}
$$

위의 식에서 알 수 있는 바와 같이 바라바시-알버트 모형에서는 $\gamma < 3$이면 비유사성(disassortative) 네트워크, $\gamma = 3$이면 중립성(neutral) 네트워크, $\gamma > 3$이면 유사성(assortative) 네트워크가 된다.

(vi) 유사성 지표(assortativity index): 유사성 지표는 다음과 같다[41].

$$r = \frac{\langle k_1 k_2 \rangle - \langle (k_1 + k_2)/2 \rangle^2}{\langle (k_1^2 + k_2^2)/2 \rangle - \langle (k_1 + k_2)/2 \rangle^2}.$$

여기서 k_1와 k_2는 어떤 연결선의 양쪽에 붙어 있는 노드의 도수이다. 위의 식은 다름 아닌 피어슨 상관관계 계수이다. 유사성 지표 r이 양수이면 평균적으로 연결선수(도수)가 많은 노드는 많은 노드와, 적은 노드는 적은 노드와 연결된다는 것을 의미한다. 이에 반해 r이 음수인 경우에는 도수가 많은 노드와 적은 노드가 연결된다는 것을 의미한다. $r = 0$인 경우에는 아무런 경향이 없는 경우를 의미한다. $r > 0$인 경우는 $\langle k_{\mathrm{nn}} \rangle$에서 정의한 $\nu < 0$인 경우에 해당되며, $r < 0$인 경우는 $\nu > 0$인 경우에 해당된다.

(vii) 결집계수: 결집계수는 다음과 같다. 어느 하나의 노드 i를 잡았을 때 이 노드의 도수를 k_i라 하자. 이때 k_i개의 이웃 노드들끼리 얼마나 잘 연결되어 있는가를 나타내는 양이다. 즉

$$C_i = \frac{2E_i}{k_i(k_i - 1)}. \tag{2.16}$$

여기서 E_i는 노드 i의 k_i의 이웃들 사이에 연결된 링크의 수를 의미하고, $k_i(k_i - 1)/2$는 그들간의 가능한 모든 연결선수이다. 한편 도수가 k인 노드의 평균 결집계수를 $C(k)$로 표시한다. 네트워크가 계층적 집단구조(hierarchical modular structure)를 가지는 경우에는

$$C(k) \sim k^{-\eta} \tag{2.17}$$

과 같이 멱함수로 감소하게 된다[42]. 또, 모든 노드에 대한 평

균 결집계수를 C라 표시하는데, $C = (1/N)\sum_i C_i$이며, 이것은 $C = \sum_{k=1} C(k)P_{\rm d}(k)$와 같다. 도수 간의 상관관계가 없는 경우의 결집계수 함수 $C(k)$에 대한 식은 아래와 같다. 결집계수는 이웃 노드들 사이에 삼각형이 얼마나 생기는가를 알아보는 양이다. 이를 일반화하여 이웃 노드들 사이에 사각형이 얼마나 많이 생기는지로 확대할 수 있고 더 나아가 n 다각형으로 일반화하여 정의할 수 있다. 결집계수와 비슷하게 n-clustering coefficient를 정의할 수 있다[43].

결집계수를 상관함수 $P(k,k')$의 함수로 나타내 보자. 우선 결집계수 함수 $C(k) = 2E(k)/k(k-1)$를 생각하자[44].

$$C(k) = \sum_{q,q'>1} P(q'|k)P(q|k)P(q'|q)\frac{(q'-1)}{Nq'P_{\rm d}(q')}(q-1). \quad (2.18)$$

우변의 첫 번째 인수 $P(q'|k)P(q|k)$는 도수 k의 노드가 존재하고 이 노드에 도수 q'과 q인 노드들이 연결될 확률이다. 두 번째 인수는 도수 q인 노드가 존재하고 이 노드에서 도수 q'인 노드에 연결할 확률인데 우선 이러한 노드가 있을 때 연결할 확률은 $P(q'|q)$이다. 그러나 이러한 경우가 연결선 $q-1$개 중 하나를 $q'-1$개의 연결선 중에 하나와 연결하면 되는데 이 확률은 $(q'-1)/[Nq'P_{\rm d}(q')]$이므로 이를 곱해 주어야 한다.

만약 이웃 노드들끼리 상관관계가 없는 경우에는 식 (2.11)과 (2.13)을 이용하여 다음과 같이 얻을 수 있다.

$$C(k) = \frac{(\langle k^2\rangle - \langle k\rangle)^2}{N\langle k\rangle^3}. \quad (2.19)$$

따라서 $C(k)$는 k에 무관하다. 결집계수는 $C = \sum_k P_{\rm d}(k)C(k)$를 통하여 계산된다.

한편 결집계수와 유사하게 다음과 같은 양을 정의하기도 한다.

$$\overline{C} = \frac{\sum_k P_{\rm d}(k)E(k)}{\sum_k P_{\rm d}(k)k(k-1)/2} = \frac{\sum_k k(k-1)P_{\rm d}(k)C(k)}{\langle k^2\rangle - \langle k\rangle}. \quad (2.20)$$

이 양은 결집계수 분자 분모에 도수분포에 대한 평균을 취하여 구한 것이다. 이 식을 정리하면 다음과 같이 쓸 수 있다.

$$\overline{C} = \frac{\langle k\rangle^3}{N} \sum_{k,q,q'>1} \frac{(q'-1)(q-1)P(q',q)P(q',k)P(q,k)}{k^2 qq' P(q)P(q')P(k)}. \quad (2.21)$$

만약 이웃 노드들끼리 상관관계가 없는 경우에는 식(2.11)과 (2.13)을 이용하여 $\overline{C} = C$임을 보일 수 있다.

제 3 장

무작위 네트워크

제 3 장 무작위 네트워크

1959년 Erdős와 Rény(ER)는 무작위 네트워크(random network) 모형을 소개하였다[18]. 이 모형은 초기부터 N개의 노드가 존재하는 정적 네트워크로 링크 수 L이 변함에 따라 네트워크가 어떻게 변하는지를 생각해 보는 모형이다. ER이 제안한 무작위 네트워크(random network)는 N개의 노드에서 임의로 2개의 노드를 무작위(random)로 뽑아 그 두 노드 사이에 연결선이 없으면 p라는 확률로 연결선을 잇고, 연결선이 있으면 다시 새로운 두 개의 노드를 뽑아 위에서 했던 방법으로 연결하는 행동을 반복하여 L개의 연결선을 연결하는 것이다. ER은 무작위 네트워크의 성질을 이해하기 위해 앙상블 개념을 이용한 확률적인 방법을 이용하였다. 이 계에 N개의 노드가 존재하는 경우 가능한 두 노드 간의 쌍은 $N(N-1)/2$개 있을 수 있다. 이때 두 노드 간에 연결선이 존재할 확률을 p라 하면 이 시스템에 존재하는 연결선수의 기대치는

$$\langle L \rangle = pN(N-1)/2 \tag{3.1}$$

이 된다. 따라서 각 노드 쌍에 연결선이 존재하는 확률 p를 조절함으로써 시스템에 존재하는 연결선수의 기대치를 변하게 할 수 있다. 우리는 앞으로 p를 조절하면서 네트워크가 어떻게 변하는가를 살펴보기로 하겠다. ER이 특히 관심을 가진 양은 p가 증가함에 따라, 많은 노드들을 연결하는 큰 송이(spanning cluster)가 언제 만들어질것인가 하는

것이었다. 다른 용어로 말하자면 스미기 전이(percolation transition)가 언제 일어날 것인가 하는 것이다. 즉 p가 작을 때는 소수의 노드들만이 연결된 상태가 되어 있다가, p_c라는 값이 존재하여 $p > p_c$가 되면 계의 $\mathcal{O}(N)$ 노드들이 연결되는 큰 송이가 형성된다. 이때 p_c를 스미기 문턱이라 부른다. ER은 해석적으로 $p_c(N) \simeq 1/N$임을 보였다. 이에 대한 유도 과정은 제8장의 척도 없는 네트워크의 스미기 전이에 대한 논의에서 함께 다루고자 한다. 이 스미기 문턱에서 존재하는 총 연결선수의 기대치는 $\langle L_c \rangle \approx N/2$이 된다. 어느 한 노드에 연결된 평균 연결선의 수는 다음의 관계,

$$\langle k \rangle = 2\langle L \rangle / N \tag{3.2}$$

로부터 $\langle k_c \rangle \simeq 1$이 된다. 즉 각 노드당 평균적으로 하나의 연결선이 연결되기만 하면 전체를 연결하는 스미기 송이가 만들어짐을 의미한다. 한 노드가 큰 송이에 속해 있을 때 최외각에 있으면 링크 수는 하나이고 그렇지 않으면 두 개의 링크를 가지게 된다. 스미기 문턱에서 평균 도수가 1이라는 것은 혼자이거나 혹은 큰 송이의 최외각에 있는 노드가 많다는 것을 의미한다. 임계점 $p = p_c$에서 생기는 스미기 송이의 크기는 $\mathcal{O}(N^{2/3})$으로 알려져 있으며 임계점보다 큰 경우에는 즉 $p > p_c$에서는 그 크기가 $\mathcal{O}(N)$이 된다. 크기가 유한한 송이들의 평균크기 $\langle s \rangle$는 임계점에서 $\langle s \rangle \sim |p - p_c|^{-1}$로 발산한다. 또 임계점에서 s라는 크기를 갖는 송이 개수의 분포는 $n(s) \sim s^{-5/2}$를 따른다. 이상과 같은 특징을 가진 무작위 네트워크의 스미기 전이는 이차상전이의 성질을 보인다.

각 노드당 연결된 연결선수의 분포를 살펴보기로 하자. 역사적으로

돌이켜 보면 ER은 연결선수의 최소치와 최대치만을 구했고, 헝가리의 수학자 볼로바스가 1981년에 무작위 네트워크에 대한 연결선수의 분포함수를 구하였다[45]. 어떤 계에 N개의 노드가 있다고 하자. 어떤 한 노드는 $N-1$개의 다른 노드들과 연결이 가능하고 각각의 연결선은 p라는 확률로 존재한다. 따라서 어느 한 노드에 k개의 링크가 연결될 확률은 다음과 같이 주어진다.

$$P_{\mathrm{d}}(k)=\binom{N-1}{k}p^{k}(1-p)^{N-1-k}. \tag{3.3}$$

N이 매우 크나 p가 매우 작아 평균 $(N-1)p$가 유한한 경우에 식 (3.3)은 Poisson 분포, 즉

$$P_{\mathrm{d}}(k)\simeq e^{-pN}\frac{(pN)^{k}}{k!}=e^{-\langle k\rangle}\frac{\langle k\rangle^{k}}{k!} \tag{3.4}$$

이 된다. 따라서 무작위 네트워크의 연결선수의 분포는 푸아송 함수를 따르게 된다.

무작위 네트워크에서의 지름은 2001년 청과 루[46]에 의해서 다음과 같이 구해졌다. 무작위 네트워크에서 임계 확률 p_c보다 약간 큰 확률로 연결선이 존재하여 전체 노드들이 서로 연결되어 있다고 하자. 즉 큰 송이에 대략 N개의 노드가 포함되어 있다. 각 노드들은 평균적으로 $\langle k\rangle$개의 연결선이 연결되어 있고 이때 한 노드에서 임의의 다른 노드로 가기 위해서 D개의 노드를 거쳐야 한다고 하자. 한 노드에서 출발하여 $\langle k\rangle$개의 이웃 노드 중에서 한 노드를 선택하여 그곳으로 이동하고 그곳에 있는 $\langle k\rangle$개의 노드도 임의의 한 이웃 노드를 골라 이동하는 식으로 D걸음을 걸었다고 하자. D걸음을 걸어서 전체 N개의 노드 중 어느

노드에도 도착할 수 있다고 한다면 D걸음 후 어느 한 노드에 위치하여 있을 확률로부터 다음과 같은 식이 성립한다.

$$\frac{1}{\langle k\rangle^D}=\frac{1}{N}. \tag{3.5}$$

따라서 두 노드 사이의 거리는 $D\sim\ln N/\ln\langle k\rangle$이다. 무작위 네트워크에서 두 노드 간의 평균 거리는 총 노드 수 N 에 $\ln N$으로 비례하게 된다. 흥미롭게도 만약 총 링크 수가 $L\sim N^{1+\theta}$ $(\theta>0)$인 경우에는 평균 연결선수가 $\langle k\rangle\sim N^{\theta}$이 되어서 두 노드 간의 평균 거리는 N에 무관하게 된다.

각 노드 쌍에 연결선이 존재할 확률 p가 주어졌을때 k라는 연결선수를 가지고 있는 어떤 노드의 이웃 노드끼리 가질 수 있는 가능한 총 연결선수 $k(k-1)/2$ 중에서 평균적으로 존재하는 연결선수는 $pk(k-1)/2$이다. 따라서 결집계수는 간단히 $C(k)=p$이 된다.

N이 성장하는 ER 모형에서 두 노드 간의 연결선이 무작위로 연결된다는 아이디어는 유지한 채 노드의 수가 고정되지 않고 시간에 따라 증가하는 경우를 살펴보자. 구체적인 모형은 다음과 같다. i) 매 시간마다 새로운 노드가 태어나는 경우를 생각하자. 시간 t가 지나간 후에 계에 존재하는 총 노드의 수는 t이다. 이 새로운 노드는 태어날 때 자기 혼자있는 노드 상태로 존재한다. ii) 매 시간마다 연결선이 계에서 만들어진다. 여기서 연결선은 임의의 두개의 노드를 선택하여 연결선이 없으면 b라는 확률로 연결선을 연결한다. 연결선이 있으면 다음 시간으로 간다. 여기서 b라는 것이 조절 변수가 되는데 일반적으로 b는 자연수일 필요는 없다. 예를 들어 $b=1/2$이면 2단위 시간이 지나면서 평균적으로 한 개의 연결선이 만들어진다고 생각하면 된다. 이 모형의

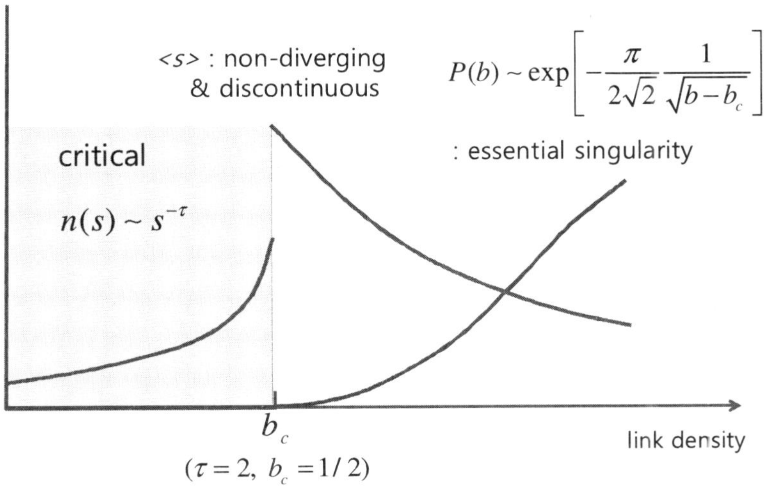

그림 3.1 성장하는 ER 네트워크에서 보이는 스미기 상전이 특징

결과는 다음과 같다. (i) b_c가 존재하고 $b > b_c = 1/8$에 대하여 스미기 송이가 만들어지면 어느 한 노드가 이 스미기 송이에 속할 확률 $\mathscr{P}(b)$는 $b < b_c$일 때 0이며, $b > b_c$일 때,

$$\mathscr{P}(b) = 0.59 \exp\left(-\frac{\pi}{2\sqrt{2}}\frac{1}{\sqrt{b-b_c}}\right). \tag{3.6}$$

즉 무한차(infinite order) 상전이 현상이 일어난다. (ii) 유한크기를 가진 송이들의 평균크기 $\langle s \rangle$는 임계점에서 발산하지 않고 불연속적인 점프가 일어나게 된다. (iii) 임계점에서 송이크기 분포함수는 $n(s) \sim 1/s^2 \ln^2 s$로 감소한다. 로그 보정이 있는 것이 보통의 경우와 다르다. (iv) 더욱 흥미로운 사실은 $b < b_c$에 대하여서도 $n(s) \sim s^{-\tau}$와 같은 멱함수가

성립되고, τ 는 b가 b_c에서 0으로 감소하면서 2 → ∞로 증가한다 (그림 3.1 참조). 이와 같은 특징들은 XY 모형의 보편성 군의 특징과 같다. 즉 성장 네트워크에서의 스미기 전이는 Kosteritz-Thouless 전이의 보편성 군에 속한다. 이 연구는 칼라웨이와 그의 공동연구자[47]에 의하여 수치적으로 처음 제안되었는데 이후 도로고프체프 등이 해석적으로 보였다[48].

제 4 장

좁은세상 네트워크

제 4 장 좁은세상 네트워크

1998년 왓츠와 스트로가츠(WS)는 전력망, 선충(C. elegans)의 신경망, 영화배우 연결망에서 앞서 정의한 두 노드 간의 평균 거리와 결집계수를 측정하였다[20]. 그 결과는 표 4.1과 같다.

표 4.1에서 볼 수 있는 바와 같이 결집계수는 실재하는 네트워크에서의 측정 값과 무작위 네트워크에서의 측정 값 사이에 큰 차이가 있음을 알수 있다. 이를 설명하기 위해서, WS는 제1장의 그림 1.3에서 소개한 그림과 같은 모형을 고안하였다. 원주 위에 N개의 노드가 배열되어 있고 각 노드들은 최인접 이웃과 그 다음 최인접 이웃의 노드들과 연결되어 있다고 생각하자. 이 상태에서 각 연결선을 p라는 확률로 선택하고 그 연결선 양 끝 두 개의 노드 중 하나를 임의로 선택하여 고정한 뒤, 다른 하나는 다른 노드로 재배열(rewiring)한다. 여기서 재배열되는 노드는 전체 네트워크에서 제한 없이 선택되는데 이미 연결된 노드는 배제한다. WS는 p가 작은 경우의 네트워크는 초기의 규칙적인 네트워크와 같이 큰 결집계수를 가지고 있지만 두 노드 간의 평균 거리 $\langle D \rangle$는 무작위 네트워크처럼 매우 짧아진다는 것을 보였고, 이것은 실재 네트워크에서 얻은 결집계수 결과를 만족시킨 것으로 볼 수 있었다. 이러한 인위적인 네트워크 위에서 여러 가지 재미있는 물리현상을 연구한 논문들이 많이 발표되었다.

WS의 논문 제목으로부터 인용된 WS 모형을 좁은세상 네트워크의

	$\langle D \rangle$	$\langle D \rangle_r$	C	C_r
영화배우 네트워크	3.65	2.99	0.79	0.00027
전력망	18.7	12.4	0.080	0.005
선충의 신경망	2.65	2.25	0.28	0.05

표 4.1 복잡계의 좁은세상 특징: 영화배우 네트워크, 전력망, 선충의 신경망에 대한 두 노드 간의 평균 거리 $\langle D \rangle$와 결집 계수 C. 또 같은 수의 노드와 링크들로 이루어진 무작위 네트워크에서 측정한 평균거리와 결집계수 $\langle D \rangle_r$과 C_r.

작은 의미로 본다면, 보다 넓은 의미에서의 좁은세상 네트워크는 무작위 네트워크, 후에 소개할 척도 없는 네트워크까지를 포함하여 두 노드 간의 평균 거리가 N의 멱함수보다 적은 척도로 축척되는 네트워크를 일컫는다.

두 노드 간의 평균 거리가 멱함수에 따라 축척되는—예를 들어 유클리디언 공간—네트워크에서 좁은 세상 네트워크로의 crossover 현상에 대한 연구가 수행되었다[49].

제 5 장

척도 없는 네트워크

제 5 장　척도 없는 네트워크

이 장에서는 도수의 분포가 멱함수를 따르는(즉 $P_d(k) \sim k^{-\gamma}$) 척도 없는 네트워크의 예를 살펴보기로 하겠다.

5.1　월드-와이드 웹

월드-와이드 웹의 네트워크 구조는 1999년 알버트와 그녀의 공동연구자[21] 및 후버만과 그의 공동연구자[22]에 의해서 밝혀졌는데, 그들이 조사한 네트워크의 노드 수는 약 20 ~ 30만 개 정도였다. 그 이후 매우 큰 사이즈의 웹 페이지 네트워크에 대한 조사가 이루어졌다. 쿠마르와 그의 공동연구자[50, 51, 52, 53]들은 약 4천만 개, 브로더와 그의 공동연구자[54]는 약 2억 개의 웹 페이지로 구성된 네트워크를 조사하였다. 노드 수가 많은 데이터를 분석함으로써 식 (2.1)의 멱함수가 보다 넓은 k의 영역에서 성립함을 보일 수가 있었다. 연구 결과 웹 페이지 네트워크에서 나가는 연결선수의 분포함수의 지수(out-degree exponent)는 계에 따라 달라질 수 있는 데 반하여 들어오는 연결선수의 분포함수의 지수(in-degree exponent)는 $\gamma_{\text{in}} \approx 2.1$로 네트워크에 구별 없이 거의 일정하다는 것을 알게 되었다. 그 원인에 대한 연구도 이루어졌다[55]. 본 연구가 수행된 1999년 지구상에는 약 8억 개의 웹 페이지가 존재한다고 추정했는데, 현재까지의 연구 결과를 토대로 추정해 보면 8억 개의 웹 페이지들 중에서 임의의 두 웹 페이지 간의 평균 거리는 19

라고 추정하였다[21]. 즉 19번 클릭만 하면 지구상의 모든 웹 페이지에 도달할 수 있다는 의미가 된다. 그러나 이와 같은 연구 결과는 엄밀한 결과는 아니다. 월드-와이드 웹에서는 연결선이 방향을 가지고 있기 때문에 도달할 수 없는 노드들이 존재하게 된다. 따라서 두 노드 간의 평균 거리가 얼마나 되는가를 구하는 것은 엄밀하게 잘 정의된 양은 아니다. 평균 거리가 19라는 결과는 월드-와이드 웹의 연결선에 존재하는 방향을 무시하고 연결선이 있으면 양 방향으로 모두 갈 수 있다는 가정하에 두 노드 간의 평균 거리, 즉 지름을 잰 결과이다. 월드-와이드 웹의 유사성계수는 $r \approx -0.065$이다.

월드-와이드 웹의 구조는 수시로 변화한다. 현재 연구용으로 사용되고 있는 네트워크 데이터는 1999년 노트르담 대학에서 수집한 데이터가 공용으로 사용되고 있는데 이때만 해도 월드-와이드 웹의 구조는 초기 단계여서 구조가 단순하다. 거의 나무구조의 형태를 지닌다. 그러나 시간이 갈수록 나무구조 형태에서 고리가 있는 구조로 바뀌는 것이 변화하는 일반적인 패턴이므로 현재는 어떤 형태를 띠고 있는지 잘 모른다.

5.2 인터넷

1999년 팔루소스 3형제는 인터넷에 대한 네트워크 구조를 연구하였다[56]. 인터넷에서 노드를 어떻게 설정할 것인가는 정의하기에 달려 있다. 인터넷의 구조를 이해하는 단위로 종종 사용되는 노드는 Autonomous System(AS)이라고 부르는 것인데 예를 들어 대학교 외부와 통신하는 대표 라우터 레벨의 한 노드를 생각하면 된다. 월드-와이드 웹과는 달리 인터넷에서는 연결선이 양 방향으로 통신할 수 있다. 그러나 통신 속도(bandwidth)는 일반적으로는 다르다. 전 세계 인터넷

구조는 미국의 Oregon 대학과 국립 응용 네트워크 연구 실험실(National Laboratory for Applied Network Research)에서 매일 파악하고 있다. 이 정보는 `http://moat.nlanr.net`에서 다운로드하여 볼 수 있다. 이 인터넷 AS 구조에 대한 정보는 1997년 11월부터 매일 저장되고 있다. 팔루소스 형제가 조사한 연구 결과에 따르면 AS를 노드로 갖는 네트워크에서의 연결선수의 분포는 멱함수에 따르고 그의 지수는 $\gamma \approx 2.15 \sim 2.2$라는 것을 알게 되었다. 좀 더 낮은 단계의 라우터가 노드가 되는 네트워크에서는 연결선수의 지수가 $\gamma \approx 2.48$이었다.

인터넷 AS의 네트워크에 대한 정보는 매일 수집되어 있으므로 네트워크가 어떻게 진화해가는가를 연구하는 데 좋은 대상이 되고 있다. Goh와 그의 공동연구자가 수행한 연구[57]에 따르면 인터넷 AS계의 노드 수 N는 시간(월을 단위시간으로 하는)에 대하여 $N(t) = N(0)\exp(a_1 t)$로 증가한다. 여기서 $a_1 \approx 0.029(1)$이다. 또 연결선수는 $L(t) = L(0)\exp(a_2 t)$로 증가하는데, $a_2 \approx 0.034(2)$이다. 따라서 연결선수가 노드 수에 비하여 빨리 성장하는 가속 성장 네트워크이다. 인터넷 구조를 시간이 경과하면서 조사해 보면 한번 연결된 노드들 간의 연결선은 일정하게 있지 않고, 연결선이 끊어지기도 하고 다른 노드로 연결되기도 하는 재배열(rewiring) 현상이 무시할 수 없을 정도로 일어나고 있다. 이러한 재배열 현상은 성장과정에서의 잡음(noisy) 효과로 간주할 수 있고, 따라서 확률 과정(stochastic process)을 이용하여 네트워크 구조의 시간적 진화현상을 이해할 수 있었다[57].

인터넷의 특징은 결집계수가 $C \approx 0.18 \sim 0.3$ 정도로 같은 노드 수, 같은 연결선수로 만든 무작위 네트워크의 결집계수 $C \approx 0.001$ 정도보다 매우 높다. 이렇게 결집계수가 큰 이유는 집단구조(community structure)를 이루고 있기 때문이다. 인터넷이 광케이블로 연결되어 있기 때문에 지역적인 중계소의 통제하에 있게 되어 집단구조를 만들고 있다. 따라서 계층 결집계수 $C(k)$ 는 $\sim k^{-1}$와 같이 행동한다[58]. 연결선수 사이의 상관관계는 $\langle k_{\text{nn}} \rangle \sim k^{-0.5}$로 연결선수가 많은 노드는 연결선수가 적은 노드와 연결된다[39]. 유사성 계수도 $r \approx -0.189$로 측정되어 위의 성질을 뒷받침한다. 이러한 인터넷의 구조적 특성을 이해하는 방법으로 Goh와 그의 공동연구자는 적응 모형이라는 것을 제시하였다[57]. 이 모형은 6.6절에서 소개하기로 하겠다.

5.3 영화배우 네트워크

영화배우 네트워크는 사회 연결망의 한 예로 많은 연구의 대상이 되고 있다. 최근의 데이터들은 약 40만 명의 영화배우들로 구성되어 있다[59, 60, 23]. 영화배우 네트워크는 영화배우와 그들이 출연한 영화가 함께 조합되어 이루는 네트워크이다. 이 네트워크는 두 종류(A형과 B형)의 노드들로 구성되어 있다. A형 노드들은 영화배우들이고 B형 노드들은 영화에 해당된다. 같은 종류의 노드들은 서로 연결하지 않고, 다른 종류의 노드들끼리만 연결하게 된다. 이런 네트워크를 이종분할(bipartite)네트워크라고 한다. 이러한 두 종류의 노드를 가진 네트워크에서 한 종류의 노드들로만 구성된 네트워크로 전환하는 방법으로 같은 영화에 출연한 영화배우들은 서로 모두 연결되어 있다고 생각하는 것이다(즉 어느 한 B형 노드에 연결된 A형 노드들을 모두 연결되어 있다고 하는 것이다.)[61]. 이렇게 구성된 것이 영화배우 네트워크이다. 이 영화배우 네트워크의 연결선수의 분포함수는 정확히 멱함수를 따르고 있지는 않다. 그 이유는 한 영화배우가 일생 동안 무수히 많은 영화에 출연할 수 없고 무수히 많은 배우들과 함께 출현할 수 없기 때문이다. 이러한 성질은 사회 네트워크의 일반적 특징이라고 할 수 있다. 그렇지만 지수함수적으로 감소하는 무작위 네트워크와 비교하면 연결선수가 많은 노드가 존재하는 뚱뚱한-꼬리(fat-tailed) 현상을 보이고 있다. 영화배우 네트워크는 사회연결망을 연구하는 데 좋은 예로 종종 사용된다. 왜냐하면 우선 노드 수가 많고, 데이터들이 정확하기 때문이다. 또 유사성 계수값 $r \approx 0.208$도 양의 값을 보인다.

5.4 논문 인용 네트워크

이 네트워크에서는 노드가 논문이 된다. A라는 논문이 B라는 논문을 인용하게 되면 A라는 노드에서 B라는 노드로 화살표가 가는 연결망이 구축된다. 즉 방향이 있는 네트워크가 된다. 하루에도 많은 논문이 쏟아져 나오고 있으므로, 이 네트워크는 노드 수가 정지되어 있지 않고 성장하는 네트워크가 된다. 새로 발표되는 논문은 기존의 논문을 인용하게 된다. 따라서 연결선수가 많은 노드는 오래된 논문일 것임을 간단히 예상할 수 있다. 이 논문 인용 네트워크는 월드-와이드 웹이 척도 없는 네트워크라는 것이 소개되기 전에 Redner가 1998년 논문인용 횟수를 조사하면서 밝혀진 것이다[62]. 그는 1981년부터 1997년 6월까지 ISI 논문인용 색인을 조사하였고, 1975년부터 1994년까지의 *Physical Review D*의 논문의 인용 상황을 조사하였다. 어떤 논문이 k번 인용될 빈도 $P_{\text{in}}(k)$를 조사한 결과 $P_{\text{in}}(k) \sim k^{-3}$의 곡선에 근사적으로 맞았고, 식 (2.2)와 같은 Pareto식에 맞추어 보면 ISI에 대해서는 $\gamma \approx 2.9$, *Physical Review D*에 대해서는 $\gamma \approx 2.6$에 잘 맞았다[63]. 그러나 k가 매우 큰 영역에서의 분포함수가 급격히 감소하는 성질을 보여주는 경향이 있어 과연 멱함수 법칙에 따르는지에 대한 논란이 있었다고 한다. 또한 인용하는 논문의 참고문헌 수의 분포함수는 네트워크의 나가는 연결선수의 분포함수를 의미하게 되고 이에 대한 조사 결과는 멱함수가 아닌 꼴이

나왔다[64].

5.5 신진대사 반응 네트워크

일반적으로 일련의 화학반응을 그래프로 그려보는 것은 화학반응의 흐름을 알기에 유용하다[65]. 신진대사 반응 네트워크(metabolic reaction network)는 생명체가 살아가는 데 필요한 에너지를 공급하기 위해 세포 속에서 작용하는 일련의 화학반응인 신진대사 반응을 네트워크로 표시한 것이다. 예를 들어 그림 5.1(a)와 같은 화학반응이 있다고 하였을 때, 이에 대한 네트워크를 그림 5.1(b)와 같이 그릴 수 있다. 이러한 네트워크는 이중분할(bipartite) 그래프이다. 한 종류의 노드는 화학반응에 참여하는 화학물(metabolite)이고, 다른 한 종류의 노드는 화학반응을 의미하는 것이고 그 해당 화학반응의 촉매가 노드를 의미한다. 이러한 신진대사 네트워크의 연결선수의 분포함수가 멱함수 꼴을 따른다는 것을 보인다고 연구한 것은 Jeong과 그의 공동연구자[66], 그리고 Wagner와 Fell[67]이었다. Jeong 등은 43가지의 원핵생물, 박테리아, 진핵생물에서 일어나는 신진대사 네트워크의 연결선 분포에 대한 연구를 수행하여 척도 없는 성질이 있음을 밝혔다. 또한 43개 종들은 진화정도의 차이에 의하여 노드 수에 많은 차이가 있었는데도 두 노드 간의 평균 거리가 일정하다는 흥미로운 결과를 얻었다. 그러나 최근의 연구결과에 의하면, ATP, NADP와 같은 신진대사 반응에서 공통적으로 참여하는 필수 화합물들을 제거하여 네트워크를 구성하면, 두 노드 간의 평균 거리는 노드의 수에 의존한다는 것이 밝혀졌다[68].

(a)

$$1\ \mathrm{G6P} + 1\ \mathrm{NADP}^+ \xrightarrow{zwf} 1\ \mathrm{6PGL} + 1\ \mathrm{NADPH}$$
$$1\ \mathrm{6PGL} + 1\ \mathrm{H_2O} \xrightarrow{pgl} 1\ \mathrm{6PG}$$
$$1\ \mathrm{6PG} + 1\ \mathrm{NADP}^+ \xrightarrow{gnd} 1\ \mathrm{R5P} + 1\ \mathrm{NADPH}$$
$$1\ \mathrm{R5P} \xleftrightarrow{rpe} \mathrm{X5P}$$

(b)

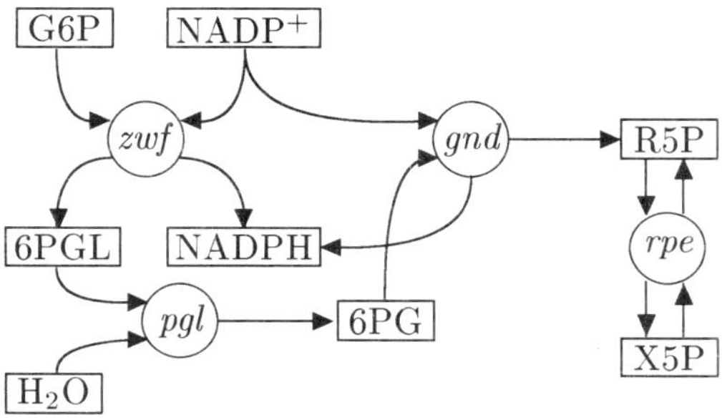

그림 5.1 신진대사망: 간단한 신진대사 반응식(a)과 이에 대한 네트워크 그림(b). 네모 심벌은 대사물질을 나타내고 원은 효소를 나타냄.

5.6 단백질-단백질 상호작용 네트워크

단백질-단백질 상호작용 네트워크에 대한 연구도 활발히 일어나고 있다. 생명 현상은 최종적으로 단백질에 의하여 구현되므로 단백질 상호작용 네트워크에 대한 관심이 크다. 현재 생물학계에서는 단백질 각각의 기능을 연구하는 것보다는 단백질들이 연결되어 일으키는 총체적인 결과를 이해하여야 한다는 측면이 강조되고 있다. 따라서 단백질 상호작용 네트워크에 대한 이해가 필요시되고 있다. 특히 게놈 프로젝트[69]로 인하여 유전자의 염기 서열이 밝혀지면서, 이 염기 서열에서 유추되는 3차원적인 단백질 구조를 추측하게 되었다[70]. 단백질의 3차원 구조는 단백질 상호작용을 일으키는 주요한 역할을 하게 된다. 최근 단백질 간의 상호작용 여부를 판단하는 이중의 하이브리드 방법이 소개되어 다종의 단백질 간의 상호작용 여부를 판단할 수 있게 되었다[71, 72]. 가장 간단한 원소인 수소, 헬륨이 물리학에서 기본 모형이 되는 것과 같이 E. Coli와 yeast에 대한 단백질 상호작용 네트워크에 대한 연구가 최근 생물학계에서 수행되었다. 이에 대하여 살펴보기로 하겠다. 이스트에 대한 이중 하이브리드 방법을 이용한 단백질 상호작용에 대한 연구는 1999년 Uetz 등에 의해 수행되었다[73]. 초기에는 6,000여 개의 이스트 단백질 중에 약 1,000여 개의 단백질만의 상호작용에 대하여 연구되었다. 이후 Ito 등에 의하여 좀 더 많은 단백질들에 대한 상호작용 연구가 수행되었다[74, 75]. 그 이후 최근에는 DIP와 MIPS 등의 데이터베이스에는 5,000여 개의 단백질 간의 상호작용에 대한 데이터가 축적되어 있다[76, 77].

단백질 상호작용 네트워크에서는 단백질이 노드가 되고 두 단백질이 서로 상호작용을 하는 경우 연결선이 있다고 가정한다. 이렇게 구성된 이스트 단백질 상호작용 네트워크의 특징은 다음과 같다. 첫째, 이스트 단백질 상호작용 네트워크의 연결선수 분포함수는 일반적인 멱함수 꼴, 즉 Pareto함수, 식(2.2)를 따른다. Uetz 등의 데이터를 기초로 구성한 단백질 상호작용 네트워크에서는 데이터가 작기 때문에 지수함수의 cutoff가 있는 멱함수 꼴이라는 제안[78]도 있었으나, 최근에는 Pareto 식에 따른다는 것이 일반적인 견해이다[38]. 둘째, 이스트 단백질 상호작용 네트워크에서 연결선수 즉 도수가 많은 단백질은 치사(lethal) 단백질일 확률이 높다는 연구 결과가 있다[78]. 연구에 따르면 연결선이 19개보다 많은 단백질 중 약 70% 가까이가 치사 단백질이라는 사실이 알려져 있다. 여기서 치사 단백질이란 그 단백질이 제거되었을 때 이스트가 생존할 가능성이 없는 단백질을 의미한다. 셋째, 이스트 단백질은 모듈 구조를 가지고 있다. 같은 기능을 가지고 있는 단백질

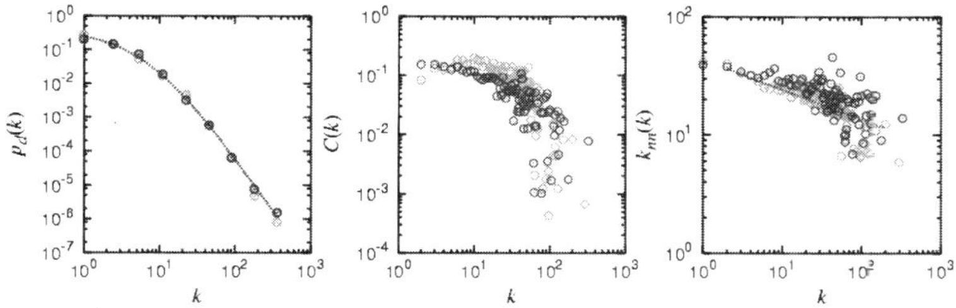

그림 5.2 단백질 상호작용 네트워크에 대한 구조적 특징: 도수 분포함수 $P_{\mathrm{d}}(k)$(왼쪽), 결집계수 함수 $C(k)$(가운데), 이웃 네트워크에서 구한 데이터를 의미하고 초록색 데이터는 제6장에서 소개할 단백질 상호작용 네트워크 모델로부터 얻은 데이터임.

들은 네트워크에서 지역적으로 모여 있는 모듈을 형성하고 있다. 따라서 결집계수가 비교적 높은 편이다. $C \approx 0.13$. 모듈 형성은 결집계수값이 연결선수에 어떻게 의존되어 있는지를 통해 알 수 있다. 즉 $C(k)$을 통해 알 수 있다. $C(k)$는 k가 작은 경우에는 거의 상수이고 k가 큰 경우에는 $C(k) \sim k^{-1}$로 감소한다[42]. 넷째, 연결선수가 적은 노드들은 연결선수가 많은 노드들과 연결되어 있다. k의 연결선수를 가지고 있는 노드의 이웃 노드들의 평균 연결선수 $\langle k_{\mathrm{nn}} \rangle(k)$는 k가 증가할수록 감소하는 성질을 보인다[79]. 유사성계수값은 $r \approx -0.16 < 0$을 가지며 비유사성이 있다.

제 6 장

척도 없는 네트워크 모형

6.1 바라바시-알버트(BA) 모형
6.2 적합성 모형
6.3 후버만-아다미치 모형
6.4 스태틱 모형
6.5 Configuration 모형
6.6 적응모형
6.7 단백질 상호작용 네트워크 모형
6.8 사회네트워크에 대한 모형

제 6 장 척도 없는 네트워크 모형

척도 없는 네트워크에 대하여 지금까지 많은 모형이 소개되었다. 그중 몇 개의 중요한 모형에 대하여 소개하기로 하자.

6.1 바라바시-알버트(BA) 모형

척도 없는 네트워크가 어떻게 생겨나고 진화하게 되었는지에 대하여 바라바시-알버트(BA)는 다음과 같은 모형을 소개하였다[60]. 이 모형은 두 가지 중요한 요소를 포함하고 있다. 첫째, 이 모형은 성장하는 네트워크이다. 즉 네트워크의 노드 수는 시간이 지남에 따라 증가한다. BA는 편의상 단위시간당 한 개의 노드가 새로이 생겨난다고 가정하였다. 즉 시간 t가 지난 후 네트워크에 존재하는 총 노드 수는 $N=t$이다. 둘째, 새로이 생겨난 노드는 m개의 연결선을 기존의 노드에게 연결시킨다. 이때 연결되는 노드는 무작위로 선택되는 것이 아니라 그 시각에 존재하는 각 노드의 도수에 비례하여 선택된다. 이를 선호적 연결(preferential attachment)이라고 한다. 즉 t라는 시각에 태어난 노드가 m개의 연결선을 기존의 노드 i에 연결할 확률은

$$\Pi_i = k_i(t)/\sum_j k_j(t) \tag{6.1}$$

로 주어진다. 여기서 $k_i(t)$는 시각 t에 i노드의 연결선 수이다. 이러한 연결선수의 변화를 식으로 기술하면

$$\frac{\partial k_i}{\partial t} = m\Pi_i = m\frac{k_i(t)}{\sum_j k_j(t)} \tag{6.2}$$

이다. $\sum_j k_j \approx 2mt$라는 성질을 이용하면,

$$\frac{\partial k_i}{\partial t} = \frac{k_i}{2t}. \tag{6.3}$$

이 방정식의 해는 $k_i(t) = m(t/t_i)^{1/2}$이다. 여기서 t_i는 노드 i가 태어난 시각이다. 노드의 연결선수 $k_i(t)$가 k보다 작을 확률은

$$P(k_i(t) < k) = P(t_i > m^2 t/k^2). \tag{6.4}$$

그런데 단위 시간 동안 한 개의 노드가 네트워크에 첨가되므로 $P(t_i) = 1/(m_0 + t)$이다. 여기서 m_0은 초기에 존재하는 노드 수이다. 따라서 식 (6.4)의 우변은

$$P(t_i > m^2 t/k^2) = 1 - \frac{m^2 t}{k^2(t + m_0)}. \tag{6.5}$$

그러므로 연결선수 분포함수 $P_{\mathrm{d}}(k)$는

$$P_{\mathrm{d}}(k) = \frac{\partial P(k_i(t) < k)}{\partial k} = \frac{2m^2 t}{m_0 + t}\frac{1}{k^3}. \tag{6.6}$$

따라서 $t \to \infty$의 경우에는, $P_d(k) \sim 2m^2 k^{-3}$이다. 이 BA모형은 다른 방법으로도 해석적인 해를 구할 수 있다. 예를 들어 도로고체프와 그의 공동연구자[80]들은 으뜸방정식(master equation) 방법을 사용하여

$$P_d(k) = \frac{2m(m+1)}{k(k+1)(k+2)} \tag{6.7}$$

를 구했으며, 크래피프스키와 그의 공동연구자[81]는 속도식(rate equation)을 사용하여 식 (6.7)을 얻었다.

BA모형을 일반화하는 시도가 이루어졌다. 선호적 연결을 주는 확률 식 (6.1) 대신에 $\Pi_i = (k_i + ma)/\sum_i (k_i + ma)$로 주어지는 경우에 연결선수 지수는 $\gamma = 3 + a$ $(a < 0)$로 주어진다[80]. 이때 주의하여야 할 점은 $a < 0$일 때, 도수분포함수에서 k가 큰 영역에서 혹(bump)과 같은 것이 생기게 된다는 것이다. 물론 이 혹은 N이 유한한 성질 때문에 생기는 것이지만 네트워크 연구를 수행할 때는 유한한 계를 다루기 때문에 실질적인 면에서 주의하여야 한다[82]. 또 $\Pi_i = k_i^{\gamma} / \sum_i k_i^{\gamma} (\gamma \neq 1)$의 경우에도 연구되었다. $\gamma < 1$인 경우에는 stretched exponential 도수분포함수를 보이며, $\gamma > 1$인 경우에는 winner-take-all 즉 한 노드에 다른 전체의 노드들이 연결되는 상태를 만든다. 자세한 내용은 참고문헌[81]을 참조하기 바란다.

6.2 적합성 모형

적합성 모형은 BA모형을 변형한 것으로 선호적 연결의 확률은

$$\Pi_i = \frac{\eta_i k_i}{\sum_j \eta_j k_j}. \tag{6.8}$$

여기서 η_i는 i 노드가 갖는 적합성(fitness)이다[83, 84]. 이 적합성은 노드가 태어날 때부터 부여받는 것으로 어떤 분포함수 $\rho(\eta)$에 따라 부여받는다. 이때 i의 노드의 연결선수 k_i의 시간에 대한 변화는 다음과 같은 동역학식에 의해서 기술된다.

$$\frac{\partial k_i}{\partial t} = m \frac{\eta_i k_i}{\sum_j \eta_j k_j}. \tag{6.9}$$

여기서 얻는 연결선수 분포함수는 적합성에 대한 분포함수 $\rho(\eta)$에 많이 의존한다. 만약 $\rho(\eta)$ 분포함수가 $[0,1]$ 사이에서 균일하게 분포되어 있는 경우에 연결선수 분포는 $P_{\mathrm{d}}(k) \sim k^{-2.26}/\log(k)$이다. 또, $\rho(\eta) = \exp(-\eta)$인 경우에 $P_{\mathrm{d}}(k)$는 stretched exponential 함수에 따른다. 이 적합성 모델은 BA모델과는 달리 $\langle k_{\mathrm{nn}} \rangle \sim k^{-\nu} (\nu > 0)$와 같이 행동하여 즉 연결선수가 큰 노드는 연결선수가 작은 노드와 연결되는 성질이 있어서 좀 더 실제의 네트워크에 가깝다는 것이 알려져 있다[39].

이 모형에서 특별히 재미있는 것은 적합성 변수 η_i를 $\epsilon_i = -k_B T \log \eta_i$($k_B$ 볼쯔만 상수, T 온도)의 형태로 치환하여 식 (6.9)를 다시 쓰면

$$\frac{\partial k_i}{\partial t} = m \frac{e^{-\epsilon_i / k_B T} k_i}{Z_N} \tag{6.10}$$

로 쓸 수 있는데, 여기서 $Z_N = \sum_{j=1}^{N} e^{-\epsilon_j / k_B T} k_j$로 평형 통계학에서 분배함수와 같은 꼴이 된다. 좀 더 수학적인 조작을 통하면 적합성 ϵ를 가지고 있는 노드들에 연결된 연결선의 수는

$$n(\epsilon) = \frac{1}{e^{(\epsilon - \mu)/k_B T} - 1} \tag{6.11}$$

로 주어진다는 것이다. 여기서 μ는 퓨가시티인데,

$$e^{-\mu/k_B T} = \lim_{N\to\infty} \frac{\langle Z_N \rangle}{mt} \tag{6.12}$$

로 주어진다. 식 (6.11)은 잘 알려진 보즈 통계와 같은 것으로 적합성(η)이 매우 큰 노드, 즉 에너지 ϵ이 작은 노드에 많은 연결선이 연결되는 것이 에너지가 적은 상태(state)에 많은 보즈 입자가 쌓이게 되는 것과 같은 이유라고 할 수 있다.

6.3 후버만-아다미치 모형

Huberman과 Adamic(HA)는 BA모형과는 다른 모형을 소개하였다[22]. HA모형에 따르면 계에 존재하는 노드들의 개수 $N(t)$는 시간에 대하여 지수적으로 증가한다. 즉 $N(t) = N(0)\exp(a_{\text{HA}} t)$이다. 시각 t에서 노드 i의 연결선수 $k_i(t)$는 다음 시각 $t+1$에서 다음과 같이 변한다.

$$k_i(t+1) = k_i(t)(1+\zeta_i(t+1)). \tag{6.13}$$

여기서 $\zeta_i(t)$는 시각 t에서 증가율이다. 이 증가율은 시간에 따라 변할 수 있다. 증가율을 두 부분으로 나눈다. 즉

$$\zeta_i(t) = g_{0,i} + \xi_i(t). \tag{6.14}$$

여기서 $g_{0,i}$는 노드 i의 연결선수의 증가율을 의미하는데 시간에 의존하지 않고, $\xi_i(t)$는 잡음 항으로 $\langle \xi_i(t) \rangle = 0$과 $\langle \xi_i(t)\xi_j(t') \rangle = \sigma_{0,i}^2 \delta_{t,t'} \delta_{i,j}$이다. 여기서 $\sigma_{0,i}^2$는 분산이다. $\langle \cdots \rangle$는 표본 평균을 의미한다. 편의상 증가율의 로그함수를 $G_i(t) \equiv \ln(1+\zeta_i(t))$로 표시한다. HA는 $g_{0,i} = g_0$

와 $\sigma_{0,i}=\sigma_0$를 가정하였다. 편의상 노드 지표 i에 의존하지 않는다고 생각하였다. 그러면 $t=t_0$에서 $k_i=k_0$이면서 시간 $t=t_0+\tau$에 $k_i=k$일 조건 확률 $P_{\mathrm{D}}(k,\tau|\,k_0)$은 다음과 같이 주어진다.

$$P_{\mathrm{D}}(k,\tau|\,k_0)=\frac{1}{k\sqrt{2\pi\sigma_{\mathrm{eff}}^2\tau}}\exp\left\{-\frac{(\ln(k/k_0)-g_{\mathrm{eff}}\tau)^2}{2\sigma_{\mathrm{eff}}^2\tau}\right\}. \quad (6.15)$$

여기서 $g_{\mathrm{eff}}\equiv\langle G_i(t)\rangle$와 $\sigma_{\mathrm{eff}}^2\equiv\left\langle(G_i(t)-\langle G_i(t)\rangle)^2\right\rangle$, 또 g_{eff}와 σ_{eff}^2는 다음과 같은 관계식을 갖는다. $g_{\mathrm{eff}}\approx g_0-\sigma_0^2/2$과 $\sigma_{\mathrm{eff}}^2\approx\sigma_0^2$[85].

태어난 뒤 τ이 경과한 노드들의 밀도는 $\rho(\tau)\sim\exp(-a_{\mathrm{HA}}\tau)$이므로, k라는 연결선수를 가지고 있는 노드들의 수는 모든 나이들에 대한 합을 구하여야 한다.

$$P_{\mathrm{d}}(k)\sim\int d\tau\rho(\tau)P_{\mathrm{D}}(k,\tau|\,k_0)\sim k^{-\gamma}. \quad (6.16)$$

여기서,

$$\gamma=1-\frac{g_{\mathrm{eff}}}{\sigma_{\mathrm{eff}}^2}+\frac{\sqrt{g_{\mathrm{eff}}^2+2a_{\mathrm{HA}}\sigma_{\mathrm{eff}}^2}}{\sigma_{\mathrm{eff}}^2}. \quad (6.17)$$

그러므로 연결선수 지수 γ는 g_{eff}와 σ_{eff}에 의해서 결정된다. 최근 이 모형을 기본으로 하여 인터넷의 진화현상을 설명하려는 연구가 수행되었다[57].

6.4 스태틱 모형

스태틱(static) 모형은 ER의 무작위 네트워크 모형을 좀 더 일반화한 것으로 성장모형이 아니다. 즉 ER모형처럼 처음부터 N개의 노드가 존재하고 노드들은 $i = 1 \cdots N$으로 표시된다. 각 노드에 $w_i = i^{-\alpha}$의 가중치를 부여한다. 이 가중치에 따라 연결선이 연결된다. 즉 임의의 두 개의 노드 (i, j)를 $p_{i,j} = i^{-\alpha} j^{-\alpha} / \sum_{\ell,m} \ell^{-\alpha} m^{-\alpha}$의 확률로 선택한다. 만약 그 두 개 노드 사이에 연결선이 존재하면, 다시 다른 두 개의 노드를 각 노드의 가중치의 곱에 비례하는 확률로 선택하여 연결선을 잇는다. 이런 방법으로 계속 연결선을 붙여가서 L개의 연결선이 될 때까지 연결한다. 만약 α가 영이면 이 모델은 가중치가 없는 경우가 되며, 이것이 바로 ER모형이 된다. 이 모형은 Goh와 그 공동연구자가[30] 소개하였다. 처음 소개되었을 때에는 BA모형과 유사성을 취하기 위해 $L = mN$(m은 자연수)의 경우를 생각하였다. 이 경우 N개의 노드들은 모두 연결되며, 연결선수의 분포함수는 멱함수를 따르게 된다. 후에 이탈리아 연구팀에서도 유사한 모형이 연구되었다[86].

연결선수 분포함수를 생각해 보자. 노드 i가 연결선수 k를 가질 확률을 $p_i(k)$라 표현하면, $p_i(k) \simeq \langle k_i \rangle^k \exp(-\langle k_i \rangle)/k!$로 쓸 수 있는데 이것은 i라는 노드가 선택되는 것이 $i^{-\alpha}$에 비례하는 확률로 선택되지만 확률과정으로 선택되기 때문에 푸아송 분포를 따르게 된다. 그런데, $\langle k_i \rangle = K(L) i^{-\alpha}$이다. 여기서 $K(L) = \langle k_1 \rangle = 2L/\zeta_N[\alpha]$이며 $\zeta_N(x) = \sum_{j=1}^{N} j^{-x}$이다. 연결선수 분포함수는

$$P_{\mathrm{d}}(k) = \frac{1}{N} \sum_{i=1}^{N} p_i(k) \simeq c k^{-\gamma}. \tag{6.18}$$

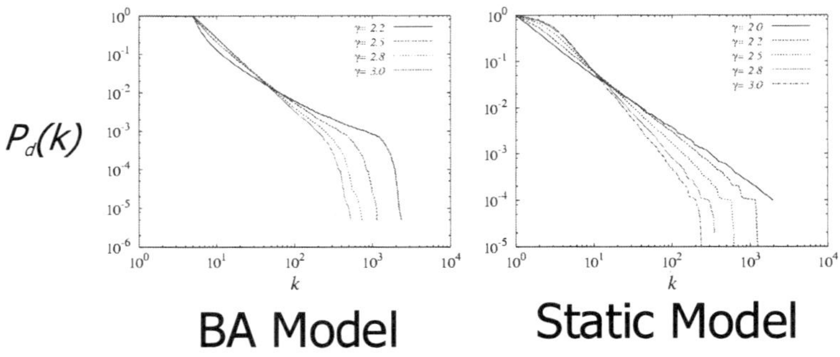

그림 6.1 BA모형(a)과 스태틱 모형(b)으로부터 얻은 도수분포

여기서 $c \simeq (\gamma-1)[K(L)]^{\gamma-1}/N$이며, $\gamma = 1 + 1/\alpha$가 된다. 즉 변수 α를 조절함으로써 연결선수 지수 γ가 다른 척도 없는 네트워크를 만들 수 있다. BA모형이 $2 < \gamma < 3$인 경우 k가 큰 영역에서 연결선수 분포함수가 멱함수 꼴에서 벗어나는 성질이 있는 반면, 이 스태틱 모형은 k가 큰 영역에서도 연결선수 분포함수는 멱함수 꼴에 잘 맞는 장점을 가지고 있다(그림 6.1). 따라서 척도 없는 네트워크 위에서 다양한 문제를 시뮬레이션하기 위해 우선 네트워크를 만들어야 하는 경우 지금까지 나온 여러 모형 중에서 가장 유용한 모형 중의 하나라고 할 수 있다. 그러나 연결선수 간의 상관관계가 없는 경우라서 실재하는 네트워크의 성질을 조사하기 위해 사용하는 데는 적합하지 않다.

6.5 Configuration 모형

ER의 무작위 네트워크는 여러 가지 방법으로 일반화할 수 있다. Bender와 Canfield가 1978년 처음으로 소개한 configuration 모형을 살펴보자[87]. N개의 노드들의 도수를 배열한 집합 $\{k_1, k_2, \ldots, k_N\}$을 인위적으로 만들어 놓은 후, 각 노드들에게 도수 $\{k_i\}$를 할당해 놓는다. $\{k_i\}$는 그래프의 도수 분포 $P_d(k)$에 따라 배정하면 된다. 각 노드에는 배당된 도수만큼 가지수를 가진 나뭇가지를 만들어 놓는다. 이 나뭇가지는 다른 나뭇가지와 연결될 예정이다. 임의로 두 개의 노드를 무작위로 뽑은 후, 각 노드의 연결되지 않은 빈 나뭇가지가 있으면 연결하고 없으면 다른 두 쌍의 노드를 골라 빈 나뭇가지를 연결시킨다. Molley와 Reed[88]는 주어진 $P_d(k)$에 대하여 $Q = \sum_k k(k-2)P_d(k) = \langle k^2 \rangle - 2\langle k \rangle > 0$의 조건을 만족하면 a giant component가 형성된다는 것을 보였다. 이러한 configuration model network는 확률적으로 여러 가지 네트워크의 구조적 성질을 기술하는 양들을 계산할 수 있게 해 주는데, Chung과 Lu는 주어진 도수의 배열에 대하여, clustering 계수는 다음과 같이 계산된다는 것을 보였다.

$$C = \frac{\langle k \rangle}{N} \left[\frac{\langle k^2 \rangle - \langle k \rangle}{\langle k \rangle^2} \right]^2 . \tag{6.19}$$

이 모델이 각 노드에 있는 나뭇가지를 무작위로 연결하기 때문에 각 링크 양쪽 노드 도수 간의 상관관계가 없어 보이지만, 도수분포함수의 지수 값이 2에서 3 사이인 경우에는 그렇지 않다. 이 영역에서는 도수가 매우 큰 노드가 존재하게 된다. 이 경우 모든 노드들이 연결되지 않을 경우가 발생할 수도 있다. 예를 들어 허브의 연결선의 수가 100인 경우에 그것 중에서 90개는 다른 노드들의 나뭇가지에 연결되었지만 나머지 10개는 연결되지 않을 경우가 생길 수 있다. 이런 경우에는 처음부터 연결 짝짓기를 다시 시작하여야 한다. 연결은 서로 다른 노드에 속하는 나뭇가지 사이의 연결만이 가능하기 때문이다. 이러한 제한 조건 때문에 두 노드 사이에 상관관계가 생길 수 있다. 이웃 노드의 평균 연결선수 함수 $\langle k_{nn}\rangle(k)$와 평균 결집계수 함수 $C(k)$는 k가 클 경우에는 k가 증가함에 따라 감소하는 것으로 나타나게 된다. 이러한 상관관계를 제거하기 위해서 참고문헌[89]에서는 구조적 cutoff $k_s(N) \sim N^{1/2}$[90]를 도입하여 연결선수가 $k < k_s(N)$의 제한 하에서 노드에 연결선수를 부여하는 방법을 취하면 상관관계가 없는 네트워크가 만들어진다.

6.6 적응모형

앞에서 살펴본 BA모형이나 스태틱 모형에서는 연결선이 노드에 일단 연결되면 그 연결은 변하지 않는다. 그러나 인터넷과 같은 실제 네트워크에서는 연결선이 어떤 노드에 연결되었다가도 시간이 지나가면 그 연결이 끊어지고 다른 노드로 연결되기도 한다. 이런 현상을 재배열(rewiring) 현상이라고 한다. 재배열 현상에 대한 모형은 알버트-바라바시가 소개하였다[91]. 그 모형에서는 네트워크가 다음과 같은 규칙에 따라 만들어진다. (i) p의 확률로 기존의 노드 중 한 노드를 선택한 다음 그 노드에서 m개의 연결선을 m개의 서로 다른 노드를 선호적으로 선택하여 연결한다. (ii) q의 확률로 어떤 연결선을 선택하여 양쪽에 있는 노드 중의 하나는 고정하고 다른 쪽에 있는 노드에서 연결선을 떼어낸 후 다른 노드로 재배열한다. 이런 재배열 작업을 m번 반복한다. (iii) $1-p-q$의 확률로 새로운 노드를 네트워크에 입력시키고 이 노드로부터 m개의 연결선을 기존의 m개의 노드에 선호적 연결 방법에 따라 연결시킨다. 이러한 방법에 따라 만들어진 네트워크는 Pareto형의 일반적인 멱함수 꼴을 따르게 된다. 이때 연결선수의 지수는 변수 p, q에 의존하게 된다. 재배열 모형은 변수에 따라 연결선수 지수를 조정할 수 있다는 장점이 있으나 근본적으로 네트워크의 구조적 특징, 즉 연결선수 간의 상관관계라든지 결집계수 등을 크게 바꾸지 못하였다.

최근 적응모형(adaptation model)이라는 것이 소개되었다[57]. 이 모형의 기본 아이디어는 재배열하는 과정에서 즉 (ii)의 연결선이 A라는 노드에서 떨어져 B라는 노드로 연결되었을 때, B노드의 연결선수 k_b가 A노드의 연결선수 k_a보다 크다는 조건을 만족시키도록 하는 것이다. 여기에는 노드가 재배열되는 것은 효율성을 높이기 위한 것이기 때문이라는 아이디어가 담겨 있다. 그렇지 않으면 노드가 현실적으로 재배열될 필요가 없기 때문이다. 다른 관점에서 생각해 보면 노드가 시간이 지남에 따라 환경이 바뀌게 되므로 더 좋은 환경으로 적응을 하게 된다. 적응모형에서는 이런 요소를 고려한 것이다. 또, B의 노드는 A노드의 이웃에서 고른다는 조건을 부여하게 되면 인터넷 등에서와 같이 지역적으로 새로운 환경이 만들어지는 경우 그 좋아진 환경으로 재배열이 이루어지는 것을 뜻하게 된다.

이러한 적응요소가 첨가된 재배열 과정이 포함된 모형은 인터넷과 같은 실제 존재하는 네트워크의 구조적인 특징, 즉 결집계수 값이 크다든지, 작은 연결선수를 가진 노드와 많은 연결선수를 가진 노드와 연결된다는 등의 특징을 만족시킨다. 따라서 적응현상이 복잡계 네트워크에서 상당히 중요한 역할을 한다는 것을 알 수 있다.

6.7 단백질 상호작용 네트워크 모형

우선 Sole 등이 소개한 모형을 살펴보자[92]. 그들은 단백질 상호작용 네트워크를 구성하는 기본적인 3가지 기작을 다음과 같이 지적하였다. (i) 복제(duplication): 임의의 노드(단백질)를 선택하여 복제시킨다. 노드가 복제됨에 따라 노드뿐만이 아니라 그 노드에 연결된 모든 연결선이 복제된다. 즉 복제 노드는 본래의 노드가 연결된 모든 이웃

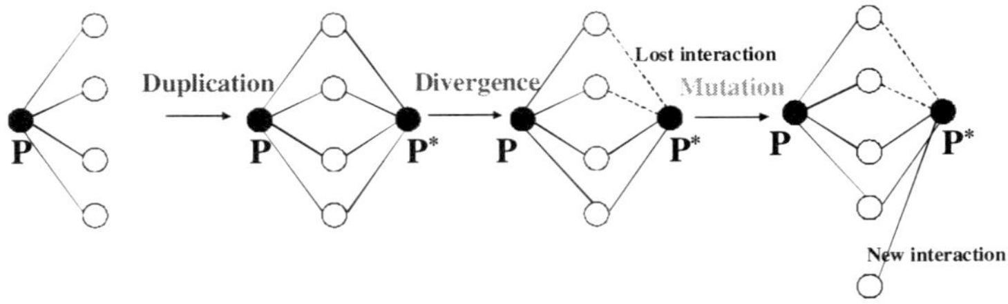

그림 6.2 단백질 상호작용 네트워크의 진화 기작에 대한 설명도: (i) 복제: 새로운 노드(P*)는 기존의 어느 한 노드(P)의 연결선을 그대로 복제한다. (ii) 다변화: 그러나 그 연결선 중 각 연결선은 δ_{pin}의 확률로 제거된다. (iii) 돌연변이: 복제된 노드는 복제한 노드 외의 노드와 α_{pin}의 확률로 연결할 수 있다.

노드들과 연결된다. 이 기작은 단백질의 진화는 유전자 복제과정에서 비롯된다는 생각에서 비롯되었다. (ii) 다양화(divergence): (i)의 과정을 통해서 생긴 복제 노드와 본래의 노드가 병존하게 되는데 이는 똑같은 두 개의 단백질이 존재한다고 할 수 있다. 이러한 단백질에서 복제된 노드에 연결된 각각의 연결선을 δ_{pin}라는 확률로 제거한다. (iii) 돌연변이(mutation): 유전자 복제 과정에서 돌연변이가 일어나기도 한다. 이를 반영하기 위하여 복제 노드에서 본래의 노드 이웃 외의 노드 중 $\alpha_{\text{pin}}N$개를 선택하여 연결한다. 위의 세 가지 기작은 그림 (6.2)에서 확인할 수 있다.

이와 같은 복제, 다변화, 돌연변이 3개의 요소가 단백질 상호작용 네트워크를 구성하는 기본 기작이라는 것을 솔레 등은 제의하였다. 이 모형의 특징은 연결선수 분포가 일반적인 멱함수 꼴(Pareto 형)을 따르는 단백질 상호작용 네트워크의 특징을 재현할 수 있지만, 결집계수, 연결선수 간의 상관관계 등의 구조적 특징을 재현하지는 못한다. 이에 대한 해석적인 해는 참고문헌 [93]을 참고하기 바란다.

또 다른 단백질 상호작용에 대한 모델을 살펴보자. 바즈케즈 등이 제안한 모형을 소개한다[94]. (i) 복제: 임의의 노드 P를 선택하고 이의 복제 노드를 P*라 하자. P의 연결선도 복제한다. 추가적으로 본래의 노드 P와 복제 노드 P*사이는 p_{pin}라는 확률을 가지고 연결선을 연결한다. (ii) 다변화: 노드 P 와 P*의 공통 이웃인 B로부터 P 또는 P*에 연결된 연결선을 q_{pin}라는 확률로 제거한다. 이 모형에서는 돌연변이 과정이 생략되어 있으며, 복제 노드와 본디의 노드 간의 대칭성이 존재한다. 이 모형은 복제 노드와 본디의 노드가 연결될 확률이 있기 때문에 자연적으로 P, P*와 B가 삼각형을 이룰 확률이 존재하고 따라서 결집계수가 높아진다. 또 $\langle k_{\mathrm{nn}} \rangle$도 k에 대하여 감소하도록 q_{pin}을 변화시키면 실제의 단백질 상호작용 네트워크의 성질을 잘 재현할 수 있지만 그렇게 하였을 때, 다변화되는 비율이 너무 높아져 모형에서의 큰 송이의 크기가 실재하는 큰 송이의 크기에 비하여 상대적으로 작아지게 되어 실제 네트워크에 어긋나게 된다.

이와 같은 모형 외에도, 베르그 등이 제의한 모형[95]이 있으며, 쿠닌[96] 등이 소개한 모형도 있지만 각각 실제의 이스트 단백질의 상호작용 네트워크와 비교하여 완전하지 못함을 알 수 있다. 최근 본 연구팀에서는 이러한 결점을 보완하는 새로운 모형을 고안하였다. 이 모형에서는 단백질 상호작용 네트워크에서 고려하여야 할 새로운 사항을 소개하였다. 단백질 상호작용은 근본적으로 단백질 도메인에 의한 것이며[97] 또한 단백질들은 단백질 군(protein family)[98]을 이루기 때문에 이런 성질들이 모형을 만들 때 필요하다는 것이었다. 단백질 군에 속해 있는 단백질들은 거의 같은 구조를 가지고 있다는 것이 알려져 있다. 따라서 돌연변이가 이루어진다고 하더라도 크게 단백질 군을 벗어나지는 않는다는 것이 생물학적으로 알려진 사실이다. 이러

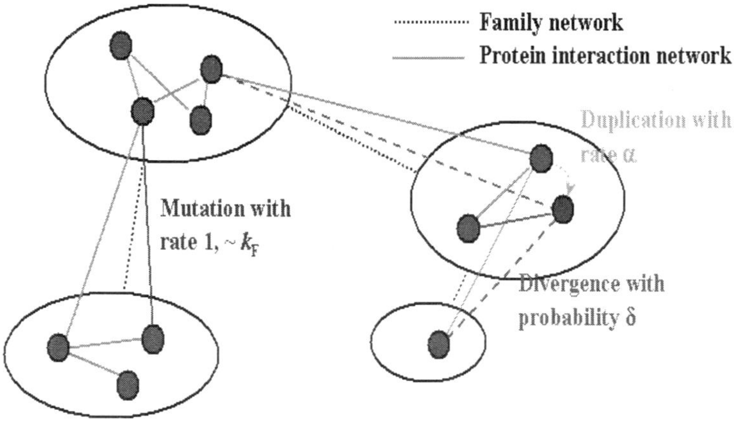

그림 6.3 단백질 상호작용 네트워크의 진화 모형에 대한 설명도: 그림 6.2 와 같이 복제, 다변화, 돌연변이의 기작으로 진화하지만 단백질 군으로 연결된 군에서만 돌연변이가 일어날 수 있는 제한이 있다.

한 단백질 군의 존재는 앞서 설명한 네트워크의 모듈 구조의 존재를 의미하는 것과 같은 아이디어이다. 솔레 모형을 약간 변형하여 단백질 상호작용은 단백질 도메인에 의한 상호작용이 일어난다고 하는 요소와 단백질 군 안에서만 돌연변이과정 (iii)이 일어난다고 하는 제한 조건을 사용하면 실제 단백질 상호작용 네트워크의 구조적 특징을 잘 설명해 준다는 사실을 알게 되었다(그림 6.3 참조)[99].

6.8 사회네트워크에 대한 모형

사회네트워크는 다른 복잡계 네트워크와는 다른 몇 가지 특징을 가지고 있는데, 이들은 다음과 같다. (i) 사회네트워크에서는 총 노드 수가 시간이 지나면서 늘어나는 것이 아니라 정체된 즉 총 노드 수가 고정되어 있다고 생각하는 것이 좋다. 사람들이 태어나고 죽음에 따라 노드 수가 변하지만, 사람과 사람과의 관계 형성, 즉 새로운 사람과 만나 새로운 연결선이 형성되고, 시간이 지남에 따라 두 사람 관계가 소원해져 연결선이 끊어지는 시간의 크기 정도가 훨씬 짧아 노드 수가 고정되어 있다는 것이 합리적이라고 할 수 있다. (ii) 연결선수의 분포가 멱함수에 따르지 않고, 최빈값이 존재한다. 즉 평균적으로 사람들이 만나는 수가 정해져 있다고 할 수 있다. 이렇게 멱함수를 따르지 않는 것은 선호적 연결이라는 요소가 존재하지 않는다는 것을 의미하기도 한다. (iii) 사람들 사이에서는 유유상종성, 또는 결집성이 매우 높다. 즉 끼리끼리 모이려는 경향이 뚜렷이 있다. 또 집단구조를 만들려는 경향이 뚜렷이 있다. 위의 특징이 모든 사회연결망에서 나타나는 공통된 특징은 아니다. 예를 들어 영화배우 네트워크는 많은 신인배우들이 등장하기 때문에 성장하는 네트워크라고 할 수 있다. 위의 특징은 뉴우만이 제의한 것으로 좀 더 넓은 범위의 사회연결망에서 적용될 수 있겠다.

이러한 특징을 설명하는 여러 모형이 있다. 진(Jin) 등이 소개한 모형을 보면[100] 사회연결망을 구성하는 중요한 요소로 다음 3가지를 꼽았다. (i) 두 사람이 한 사람 이상의 사람을 공통적으로 알고 있으면 두 사람이 모임을 가질 확률이 높다. (ii) 자주 만나지 않는 두 사람 사이는 시간이 지날수록 관계가 멀어진다. (iii) 한 사람이 유지할 수 있는 친분관계에 있는 사람의 수는 제한이 있다. 이러한 요소를 가지는 네트워크를 컴퓨터 시뮬레이션을 통하여 재현하였더니 실제의 사회네트워크의 특징을 잘 설명해 주었다.

이와는 별도로 여섯 단계 분리에 대한 모형이 최근 소개되었다[101, 102]. 그들은 사회연결망에서 사회그룹의 계층적 나뭇가지 구조를 만들어 거리를 정의했는데, 여기서 한 개인은 여러 그룹에 속해 있을 수 있기 때문에 사람들 사이의 거리는 계층구조에 의해 계산될 수 없는 더욱 좁은 세상을 만든다고 발표했다. 이와 관련하여 최근 본 연구팀에서 발표한 논문에서는 각 개인은 여러 그룹에 속해 있을 수 있으므로 개인이 속해 있는 그룹을 개인이 가지고 있는 지표에 도입하고 각각의 그룹에서 개인의 영향력이 다르기 때문에 그것에 대한 적합성을 도입하여 연결선이 이어지는 모형을 소개하였는데, 이것은 앞서 소개한 스태틱 모형을 q-성분을 가진 모형으로 일반화한 것에 해당된다[103].

제 7 장

척도 없는 네트워크의 Ultrasmall 성질

제 7 장 척도 없는 네트워크의 Ultrasmall 성질

Cohen과 Havlin은 노드 수가 N인 척도 없는 네트워크에서 지름, 즉 노드 간의 평균 거리 $\langle D \rangle$와 N의 관계는 도수 지수 γ에 의존하여 $2 < \gamma < 3$일 때 $\langle D \rangle \sim \log\log N$이며, $\gamma = 3$일 때는 $\langle D \rangle \sim \log N / \log\log N$이며, $\gamma > 3$일 때는 $\langle D \rangle \sim \log N$이라는 것을 밝혔다. 특히 $2 < \gamma < 3$일 때 $\langle D \rangle \sim \log\log N$은 $\log N$보다 작게 축척되므로 이때의 네트워크를 ultrasmall 네트워크라고 불렀다. 이에 대한 간단한 증명은 아래와 같으며 자세한 내용은 참고문헌[24]를 참고하기 바란다.

도수 지수 γ가 $2 < \gamma < 3$으로 주어진 척도 없는 네트워크를 configuration model 방법과 비슷하게 네트워크를 만들기로 하자. 도수 분포가 $P_d(k) = ck^{-\gamma}$로 주어졌다고 하자. 최소 도수를 $k_{\min} = m$로, 최대 도수를 $k_{\max} = K$로 잡자. 도수 $k = m, m+1, \ldots K$를 갖는 노드 수를 산정하여 각 노드에 도수만큼의 나뭇가지(stub)를 연결시켜 놓는다. 그런 다음 나뭇가지끼리 연결하여 네트워크를 만들어 나가려고 한다. configuration model에서는 나뭇가지끼리 무작위로 연결하였으나, 여기서는 도수가 많은 노드 순서로 연결하려고 한다. 도수가 가장 많은 허브를 중심에 두고 허브의 나뭇가지에 도수가 많은 순서로 각 노드를 붙여나간다. 그러면 허브에 K개의 노드가 붙여진다. 이 K개의 노드들은 $\ell = 1$인 shell을 구성한다. 같은 방법으로 K개의 노드 각각의 나뭇가지에 대하여 위의 방법과 같이 도수가 많은 노드순으로 붙인다.

그러면 $\ell = 2$인 shell이 만들어진다. 이때 고리(loop)를 형성하지 않도록 한다. 이와 같은 방법으로 계속하여 붙여나가는데 최외각 shell에서는 고리를 형성하는 것을 허락한다. 이러한 방법으로 네트워크를 만들면 허브에서 최외각에 있는 노드까지의 거리, 즉 반지름이 가장 짧은 네트워크가 만들어진다. K_ℓ가 ℓ번째 shell에서 가장 큰 도수를 의미한다고 하자. χ_ℓ를 ℓ shell에서 밖으로 나가는 도수의 총합이라고 할 때

$$\chi_\ell = N \int_{K_{\ell+1}}^{K_\ell} P_{\rm d}(k) dk \approx m^{\gamma-1} N K_{\ell+1}^{1-\gamma} \tag{7.1}$$

이 성립한다. 또한 $\ell + 1$ shell로부터 밖으로 나가는 링크의 수 $\chi_{\ell+1}$는

$$\chi_{\ell+1} = N \int_{K_{\ell+1}}^{K_\ell} (k-1) P_{\rm d}(k) dk \approx \frac{\gamma-1}{\gamma-2} m^{\gamma-1} N K_{\ell+1}^{2-\gamma}. \tag{7.2}$$

위의 두 점화식과 초기 조건 $K_0 = N^{1/(\gamma-1)}$과 $\chi_0 = K_0$을 이용하여

$$\chi_\ell = a^{(\gamma-1)(1-u^\ell)} N^{1-u^{\ell+1}}. \tag{7.3}$$

여기서 $a = (\gamma-1)/(\gamma-2)m$이고 $u = (\gamma-2)/(\gamma-1)$이다. 또

$$K_\ell = m(\chi_\ell / N)^{1/(\gamma-1)} \tag{7.4}$$

이다.

다음으로는 $1 \ll k^* \approx (\log\log N)^{1/(\gamma-1)}$을 만족하는 k^*를 갖는 노드 i를 선택한다. 식 (7.4)를 이용하여 다음을 보일 수 있다. 만약 $\ell_1 \approx \ln\ln N / \ln(\gamma-2)$이면 $K_{\ell_1} < k^*$이 되며, 그러면 도수 $k \geq k^*$를 갖는 모든 노드들은 ℓ_1번째 shell 안쪽에 확률 1을 가지고 위치하게 된

다. 한편 임의의 한 노드로 부터 ℓ_2만큼 떨어진 노드까지 연결된 ℓ_2개의 노드 모두의 도수가 k^*가 아닐 확률은 $(1-P(k^*)k^*/\langle k\rangle)^{\ell_2}$로 주어진다. 만약 $\ell_2 k^* P(k^*)/\langle k\rangle \gg 1$이면 임의의 노드로부터 거리 ℓ_2 안에 도수가 k^*인 노드가 존재한다는 것이다. 그 조건은 $k^{*\gamma-1} \ll \ell_2 \ll \ln\ln N$이다. ℓ_1과 ℓ_2가 모두 $\ln\ln N$로 축척되고, 허브로부터 최외각 shell까지의 거리를 $\ell = \ell_1 + \ell_2$로 환산할 수 있으므로 네트워크의 지름은 $\ell \sim \ln\ln N$로 축척된다고 할 수 있다. 좀 더 자세한 내용은 참고문헌[24]를 참고하기 바란다.

제 **8** 장

복잡계 네트워크에서 스핀 모형의 상전이 현상

제 8 장 복잡계 네트워크에서 스핀 모형의 상전이 현상

복잡계 네트워크 위에서 일어나는 상전이 현상을 살펴보기로 하자. 이 연구는 란다우 이론을 바탕으로 한 연구로서 이글로이와 터어반[104], 도로고체프와 멘데스[105, 106] 등이 처음으로 수행하였다. 임계현상을 규정하는 임계지수들이 네트워크의 도수분포 지수에 의존한다는 것이 알려져 있다. 이 장에서는 본 연구 그룹이 수행하였던 연구에 대하여 소개하고자 한다.

8.1 평형 앙상블

이론적 접근을 위하여 네트워크 연구에서 정의되는 평형 앙상블의 종류를 우선 소개하기로 하겠다.

(i) 작은 바른틀 모둠(microcanonical ensemble): 이 방법은 Molloy와 Reed가 소개한 configuration model[88]에서 사용한 접근 방법인데 링크 수(도수)의 분포 $P_{\mathrm{d}}(k)$가 주어지고 도수의 영역 $k = k_{\mathrm{min}}, \cdots, k_{\mathrm{max}}$이 주어진 N개의 노드로 구성된 계에서 각 도수가 k인 $NP_{\mathrm{d}}(k)$개의 노드에 링크 수 k만큼 나뭇가지(stub) 연결선을 연결한 다음 각 stub를 멋대로 연결하는 것이다.

(ii) 바른틀 모둠(canonical ensemble): 이 방법은 Static model에서 사용한 경우와 같이 계에 부여된 총 링크 수 L이 고정되어 있는 경

우이다. 각 노드 i에

$$p_i = \frac{i^{-\mu}}{\sum_{j=1}^{N} j^{-\mu}} \approx \frac{1-\mu}{N^{1-\mu}} i^{-\mu} \tag{8.1}$$

의 가중치를 부여한 다음, 두 개의 노드를 $p_i p_j$의 확률로 뽑아서 그 두 노드 사이에 연결선이 없으면 연결선을 연결하고, 있으면 중복해서 연결하지 않고 다른 두 개의 노드를 선택한다. 이런 방법으로 L개의 연결선을 연결하는 방법이다.

(iii) 큰 바른틀 모둠(grand canonical ensemble): 이 방법에서는 연결선수는 고정되어 있지 않고, 다만 그것의 평균만 정의되는 방법이다. 각 한 노드 쌍 (i,j)를 $p_i p_j$의 확률로 선택하여 연결선을 연결한다. 만약 이미 이 노드 쌍에 연결선이 존재하면 그냥 놔두고 counting 숫자만 하나 증가시킨다. 이런 방법으로 NK번 반복하게 된다. 이 경우 노드 (i, j)가 연결된 확률은

$$f_{ij} = 1 - (1 - 2p_i p_j)^{NK} \approx 1 - e^{-2NK p_i p_j} \tag{8.2}$$

로 주어진다. 나중에 유도하겠으나 $2K$는 노드당 평균 링크 수 $\langle k \rangle$와 같게 된다.

각 노드 쌍이 연결될 확률 f_{ij}가 주어졌으므로 임의의 네트워크는 N개의 노드를 갖는 그래프 G라고 간주할 수 있고, 그 그래프가 만들어지는 확률은 다음과 같이 주어진다.

$$P(G) = \prod_{b_{ij} \in G} (1 - e^{-2NK p_i p_j}) \prod_{b_{ij} \notin G} e^{-2NK p_i p_j}$$

$$= e^{-2NK\sum_{i>j} p_i p_j} \prod_{b_{ij}\in G} (e^{2NK p_i p_j} - 1)$$

$$= e^{-NK(1-M_2)} \prod_{b_{ij}\in G} (e^{2NK p_i p_j} - 1). \tag{8.3}$$

여기서 b_{ij}은 노드 i, j 사이에 연결된 링크를 의미하고, $M_n \equiv \sum_{i=1}^{N} p_i^n$을 뜻한다. 이 기호는 앞으로 계속 사용할 것이다.

주어진 네트워크 G에서 어떤 물리량 A를 측정하였을 때, 네트워크 앙상블에 대한 평균은 다음과 같이 표시된다.

$$\langle A\rangle = \sum_G P(G)A(G). \tag{8.4}$$

주어진 네트워크에서 도수 k_i에 대한 모함수 $g_i(\omega) \equiv \langle \omega^{k_i}\rangle$를 정의하고 (8.4)식을 이용하면 다음과 같이 쓰인다.

$$g_i(\omega) = \prod_{j(\neq i)} \left[e^{-2NK p_i p_j} + \omega(1 - e^{-2NK p_i p_j}) \right]. \tag{8.5}$$

이 함수로부터 노드 i의 평균 연결선의 수는 다음과 같이 구해진다.

$$\langle k_i\rangle = \omega \frac{d}{d\omega} g_i(\omega)\Big|_{\omega=1} = \sum_{j(\neq i)} (1 - e^{-2NK p_i p_j}). \tag{8.6}$$

이로부터 연결선수의 평균은 다음과 같이 도출할 수 있다.

$$\langle k\rangle = \frac{2\langle L\rangle}{N} = \frac{1}{N}\sum_i \langle k_i\rangle = \frac{1}{N}\sum_{i\neq j} (1 - e^{-2NK p_i p_j}). \tag{8.7}$$

또한 노드 i의 연결선수의 분산은 다음과 같다.

$$\begin{aligned}\langle k_i^2\rangle &= \left(\omega\frac{d}{d\omega}\right)^2 g_i(\omega)\bigg|_{\omega=1}\\ &= \left[\sum_{j(\neq i)}(1-e^{-2NKp_ip_j})\right]^2 + \sum_{j(\neq i)} e^{-2NKp_ip_j}(1-e^{-2NKp_ip_j})\\ &= \langle k_i\rangle + \langle k_i\rangle^2 - \sum_{j(\neq i)}(1-e^{-2NKp_ip_j})^2. \end{aligned} \tag{8.8}$$

8.2 Potts 모형

q-state Potts 모형의 하밀토니안은 다음과 같이 주어진다.

$$-\mathscr{H} = 2NK\sum_{i>j} p_ip_j\delta(\sigma_i,\sigma_j) + h_0\sum_{i=1}^{N}[q\delta(\sigma_i,1)-1]. \tag{8.9}$$

여기서 K는 상호작용 크기이고, h_0는 외부 자기장이고, N은 이 시스템에 있는 노드의 수이다. 식 (8.9)에서 K와 h_0은 온도의 역수를 포함하고 있다고 생각한다. $\delta(x,y)$는 Kronecker 델타 함수이다. 폿츠 스핀 σ_i는 $1,2,\cdots,q$의 값을 가질 수 있다. 편의상 $r\equiv q-1$로 사용한다. 분배함수 $Z_N(q,h_0)$는 다음과 같이 쓴다.

$$\begin{aligned} Z_N(q,h_0) &= \mathrm{Tr}\, e^{-\mathscr{H}}\\ &= \mathrm{Tr}\prod_{i>j}\left[1+(e^{2NKp_ip_j}-1)\delta(\sigma_i,\sigma_j)\right]\prod_i e^{h_0(q\delta(\sigma_i,1)-1)}. \end{aligned} \tag{8.10}$$

위에서 Tr는 q^N개의 스핀 상태에 대한 합을 의미한다. 첫 번째 곱의 항을 전개시키고, Tr를 적용시켜서 다음을 구한다.

$$Z_N(q,h_0)=\sum_G \prod_{b_{ij}\in G}(e^{2NKp_ip_j}-1)\prod_{s\geq 1}(e^{srh_0}+re^{-sh_0})^{n_G(s)}. \quad (8.11)$$

위에서 $n_G(s)$는 s 크기를 갖는 클러스터의 개수이다. 식 (8.3)을 이용하여 다음을 구할 수 있다.

$$Z_N(q,h_0)=e^{NK(1-M_2)}\sum_G P(G)\prod_{s\geq 1}(e^{srh_0}+re^{-sh_0})^{n_G(s)}. \quad (8.12)$$

특별히 외부 자기장이 걸리지 않았을 경우에는 $h_0=0$, $Z_N(q,0)=e^{NK(1-M_2)}\langle q^C\rangle$을 얻을 수 있으며, 여기서 $C=\sum_s n_G(s)$이고 이것은 그래프 G에 있는 총 클러스터의 개수이다. 그러므로 $Z_N(q,0)$는 C의 모함수(generating function)가 된다.

폿츠 모형의 자기화(magnetization)는 다음과 같이 정의된다.

$$m(q,h_0)=\frac{1}{rN}\frac{\partial}{\partial h_0}\ln Z_N(q,h_0). \quad (8.13)$$

이를 다시 쓰면 다음과 같다.

$$m(q,h_0)=\frac{\left\langle \sum_{\text{clusters}}\left[\frac{e^{srh_0}-e^{-sh_0}}{e^{srh_0}+re^{-sh_0}}\right]\left(\frac{s}{N}\right)\prod_{\text{clusters}}(e^{srh_0}+re^{-sh_0})\right\rangle}{\langle\prod_{\text{clusters}}(e^{srh_0}+re^{-sh_0})\rangle}. \quad (8.14)$$

8.3 분배함수

물리적인 양을 구하기 위해서는 분배함수를 구하는 것이 우선 필요하다. 분배함수를 구하기 위해 vector-spin representation을 사용하는 것이 편리하다. $\vec{S}(1)=(1,0,\cdots,0)$이고 $\sigma_i=2,3,\cdots,q$에 대하여 $\vec{S}(\sigma_i)$은 나머지 r차원 공간에 사면체의 꼭짓점을 향하는 벡터이다. 예를 들어, $q=3$인 경우를 생각하면, $\vec{S}(1)=(1,0)$, $\vec{S}(2)=(-1/2,\sqrt{3}/2)$ 그리고 $\vec{S}(3)=(-1/2,-\sqrt{3}/2)$이다. 이렇게 정의된 벡터 $\vec{S}$은 $\sigma_i\neq\sigma_j$이면 $\vec{S}(\sigma_i)\cdot\vec{S}(\sigma_j)=-1/r$이고 $\sigma_i=\sigma_j$이면 $\vec{S}(\sigma_i)\cdot\vec{S}(\sigma_j)=1$를 만족한다. 따라서 Kronecker 델타 함수는 다음과 같이 표시할 수 있다.

$$\delta(\sigma_i,\sigma_j)=\frac{1}{q}(r\,\vec{S}(\sigma_i)\cdot\vec{S}(\sigma_j)+1). \tag{8.15}$$

이 식을 이용하여 식 (8.9)의 상호작용 항은 다음과 같이 다시 쓸 수 있다.

$$2NK\sum_{i>j}p_ip_j\delta(\sigma_i,\sigma_j)=$$
$$NK\left(\frac{1}{q}-M_2\right)+\frac{rNK}{q}\left(\sum_i p_i\vec{S}(\sigma_i)\right)^2. \tag{8.16}$$

위에서 $M_2=\sum_{i=1}^N p_i^2$이다. 그 다음 제곱꼴로 되어 있는 항은 다음과 같은 항등식을 이용하여 분해하게 된다. 이 방법을 Hubbard-Stratonovich 변환이라고 한다. $\int dye^{-ay^2+by}=\sqrt{\pi/a}\,e^{b^2/(4a)}$. 그러면 분배함수는 비록 적분꼴로 변형되지만, $\vec{S}$에 대하여 선형적인 형태가 되어 기존에 할 수 없었던 스핀에 관한 Tr합을 가능하게 한다.

$$Z_N(q,h_0) = \mathrm{Tr}\left[e^{NK(\frac{1}{q}-M_2)}\left(\frac{4\pi K}{rqN}\right)^{-\frac{r}{2}} e^{\sum_{i=1}^{N} r\vec{h}_0\cdot\vec{S}(\sigma_i)}\int d\vec{y}\, e^{-\frac{rqN}{4K}y^2 + rN\sum_{i=1}^{N} p_i\vec{y}\cdot\vec{S}(\sigma_i)}\right]. \tag{8.17}$$

여기서 적분은 r-차원의 적분이 되고, 자기장은 다음과 같이 주어진다. $\vec{h_0} = (h_0, 0, \cdots, 0)$. Tr 연산자를 각 스핀에 대하여 적용하면 다음과 같은 분배함수를 얻게 된다. 그러면

$$Z_N(q,h_0) = \left(\frac{4\pi K}{rqN}\right)^{-\frac{r}{2}} q^N e^{NK(\frac{1}{q}-M_2)}\int d\vec{y}\, e^{-\frac{rqN}{4K}y^2 + \sum_{i=1}^{N}\ln\tilde{\zeta}(\vec{h_0}+Np_i\vec{y})}. \tag{8.18}$$

여기서

$$\tilde{\zeta}(\vec{h}) = \frac{1}{q}\sum_{\sigma=1}^{q} e^{r\vec{h}\cdot\vec{S}(\sigma)} \tag{8.19}$$

이다.

다음 단계로는 적분을 구하는 것인데, $N \to \infty$으로 갈 때

$$(1/N)\sum_{i=1}^{N}\ln\tilde{\zeta}(\vec{h_0}+Np_i\vec{y})$$

이 수렴한다는 전제하에 saddle point 근사 방법을 이용하여 구할 수 있다. 이 근사에서는 적분값은 피적분함수의 극대값으로 대치된다. 이 극대값에서는 다음과 같은 식을 만족시킨다.

$$\frac{q}{2K}\vec{y}=\frac{1}{rN}\sum_{i=1}^{N}\nabla_{\vec{y}}\ln\tilde{\zeta}(\vec{h}_0+Np_i\vec{y}). \tag{8.20}$$

$\vec{h}_0 = 0$일 때 $\vec{y} = 0$은 언제나 앞의 식의 해가 되지만 이것은 사소한 해가 되어 관심에서 제외된다. 관심을 끄는 해는 ($\vec{y} \neq 0$)에서 위의 식을 만족시키는 해이다. 이 해는 퐂츠 모형의 대칭성을 깨뜨리는 해가 된다. 외부의 자기장이 1-방향으로 주어진 경우 즉 $\vec{h}_0 = (h_0, 0, \ldots, 0)$, 위의 방정식을 만족시키는 해는 $\vec{y} = (y, 0, \ldots, 0)$ 로 주어지는 다양체(manifold)상에 존재하게 된다. 그리고 나서 $h_0 \to 0^+$로 보내는 극한에서 q개의 동등한 자발적으로 대칭을 깨는 해가 존재할 수 있게 되는데, 이 중 한 해를 선택하기로 하자. 이러한 해가 존재한다는 것을 가정하고 분배함수를 다시 쓰면 다음과 같이 쓸 수 있다.

$$\frac{1}{N}\ln Z_N(q,h_0)=\ln q+K\left(\frac{1}{q}-M_2\right)-rF(y,h_0). \tag{8.21}$$

여기서

$$F(y,h_0)=\frac{q}{4K}y^2-\frac{1}{rN}\sum_{i=1}^{N}\ln\zeta(h_0+Np_iy,q). \tag{8.22}$$

Zeta 함수는 다음과 같이 정의되며

$$\zeta(h,q)=\frac{1}{q}\sum_{\sigma=1}^{q}e^{r\vec{h}_0\cdot\vec{S}(\sigma)}=\frac{e^{rh}+re^{-h}}{1+r}, \tag{8.23}$$

y는 saddle-point 방정식의 해가 되는 것으로 다음과 같은 자체-일관적인(self-consistent) 방정식을 만족시킨다.

$$\frac{q}{2K}y = \frac{1}{r}\sum_{i=1}^{N} p_i \frac{\partial}{\partial h_0} \ln \zeta(h_0 + N p_i y, q). \tag{8.24}$$

자기화 $m = (1/(rN))(\partial/\partial h_0) \ln Z$의 관계식으로부터

$$m(q, h_0) = -\frac{d}{dh_0} F(y, h_0) = \frac{1}{rN}\sum_{i=1}^{N} \frac{\partial}{\partial h_0} \ln \zeta(h_0 + N p_i y, q) \tag{8.25}$$

을 얻게 된다. 열역학 극한에서는 자기화는 $m = y$임을 알 수 있다.

8.4 Static 모형을 이용한 Potts 모형 상전이 현상

지금까지 8.2와 8.3절에서는 각 노드에 임의의 가중치 p_i가 주어진 경우에 관심 있는 물리량을 구하는 방법을 설명하였고 앞으로는 특별히 스태틱 모형인 경우에 구하여 보자. 스태틱 모형에서는 p_i가 다음과 같이 주어진다.

$$p_i = \frac{i^{-\mu}}{\zeta_N(\mu)} \quad (0 < \mu < 1). \tag{8.26}$$

여기서 $\zeta_N(x) \equiv \sum_{i=1}^{N} i^{-x}$이다. 열역학 극한 $N \to \infty$, $\zeta_N(x)$는 $x > 1$인 경우에 Riemann zeta 함수 $\zeta(x)$로 수렴하며 $0 < x < 1$인 경우에는 $N^{1-x}/(1-x)$로 발산하게 된다. 경계인 $x = 1$ 경우, $\ln N + \gamma_M$이 된다. γ_M은 Euler-Mascheroni 상수이며 값은 $\gamma_M = 0.5772\cdots$ 이다.

도수분포함수 $P_d(k)$는 다음과 같은 모함수를 이용하여 구하는 것이 편리하다. $g(\omega) = \langle \sum_k P_d(k)\omega^k \rangle$. 이 모함수는

$$g(\omega) = \frac{1}{N}\sum_i g_i(\omega)$$
$$\approx \frac{1}{N}\sum_i \prod_{j\neq i}[1-(1-\omega)2NKp_ip_j] \approx \frac{1}{N}\sum_i e^{-(1-\omega)2NKp_i}. \tag{8.27}$$

위에서 열역학 극한에서 성립하는 $p_i(1-p_i) \simeq p_i$ 근사를 사용하였다. 나중의 논의를 위하여

$$\Sigma_1(y) \equiv \frac{1}{N}\sum_{i=1}^{N} e^{-Np_iy} \tag{8.28}$$

를 정의하자. 그러면 $g(\omega) \approx \Sigma_1(2K(1-\omega))$이 되고, 이 식은 부록 8.1과 부록 8.2의 결과에 따라 다음과 같은 링크 수의 분포에 대한 결과를 낳는다.

$$P_{\rm d}(k) = \frac{1}{k!}\frac{d^k}{d\omega^k}g(\omega)\bigg|_{\omega=0} \simeq \begin{cases} c_1 k^{-1-\frac{1}{\mu}} & \text{for } 1 \ll k \ll k_{\rm max}, \\ c_2 \frac{k_{\rm max}^k}{k!} & \text{for } k \gg k_{\rm max}. \end{cases} \tag{8.29}$$

여기서 $k_{\rm max}$는 $\langle k_1 \rangle$와 같다. 즉, $k_{\rm max} = 2K(1-\mu)N^{\mu}$이다. 이 경우 상수들은 다음과 같다. $c_1 = (1/\mu)[2K(1-\mu)]^{1/\mu}$ 와

$$c_2 = (1/N)\sum_{r=0}^{\infty}(-k_{\rm max})^r \zeta[\mu(k+r)]/r! \simeq e^{-k_{\rm max}}/N.$$

지금부터 연결선수의 영역을 $K_\ell \ll K \ll K_u$로 국한한다. 여기서 $K_\ell \equiv N^{-\mu}/(2(1-\mu))$이고 $K_u \equiv N^{1-\mu}/(2(1-\mu))$이다. 이 영역에서는 $1 \ll k_{\rm max} \ll N$이고 연결선수 분포는 멱함수 법칙 $P_{\rm d}(k) \sim k^{-\gamma}$을 따르는

데 지수는

$$\gamma = 1 + \frac{1}{\mu} \tag{8.30}$$

로 주어진다.

8.5 Helmholtz 자유에너지

식(8.21)와 (8.22)로부터 Helmholtz 자유에너지를 다음과 같이 구하자.

$$\begin{aligned} f(q, h_0) = & \frac{qr}{4K}y^2 - r(h_0 + y) - K(\frac{1}{q} - M_2) \\ & - \sum_{n=1}^{\infty} \frac{(-1)^{n-1} r^n e^{-nqh_0}}{n} \Sigma_1(nqNp_i y). \end{aligned} \tag{8.31}$$

뒤에서 유도할 식(8.40)과 $y = m$이라는 것을 이용하여 자유에너지는 다음과 같이 쓴다.

$h_0 \to 0$의 극한과 $\gamma = 1 + 1/\mu$을 이용하여

$$f(q) = \sum_{n=2}^{\infty} f_n m^n + A m^{\gamma - 1}. \tag{8.32}$$

마지막 항의 계수 A는 γ에 의존하는 상수이며 지수 역시 γ에 의존하는데 이 항으로 인해 자유에너지는 $m = 0$ 부근에서 더 이상 해석적이지 못하다. 참고로 지수 γ가 정수일 경우에는 마지막 항에 로그함수 보정이 붙는다.

식 (8.32)를 통하여 임계점에서의 상전이 현상을 기술하는 축척지수 값들을 구해 보도록 하자. 질서 맺음 변수 m값은 자유에너지를 최소로 만든다는 조건, 즉 $\partial f / \partial m = 0$으로부터 구해진다. 만약 연결선수

분포가 멱함수처럼 천천히 감소하지 않고 푸아송 분포나 규칙적 살창에서의 델타함수처럼 빨리 감소한다면—이는 사실 $\gamma \to \infty$에 해당한다— 식 (8.32)는 m이 작을 때 근사적으로 $f \simeq f_2 m^2 + f_3 m^3 + f_4 m^4$와 같이 쓰인다. 임계점 ($f_2 = 0$) 부근에서 질서 맺음 변수는 $f_2 > 0$일 때 $m = 0$이고, $f_2 < 0$일 때 $m \sim (-f_2)^\beta$이다. 여기서 임계지수 β는 $f_3 > 0$일 경우 1이며, $f_3 = 0$이고 $f_4 > 0$일 경우 1/2이다. $q > 2$인 팟츠 모형의 경우처럼 $f_3 < 0$인 경우에는 불연속 상전이가 일어난다.

척도 없는 네트워크의 경우를 생각해 보자. 주의해야 할 점은 비해석적 항인 $Am^{\gamma-1}$ 항이 자유에너지가 최소가 되는 m값을 결정하는 데 참여하는 경우가 생긴다는 것이다. $f_3 > 0$인 경우 $3 < \gamma < \gamma_u = 4$일 때, 또는 $f_3 = 0$, $f_4 > 0$인 경우 $3 < \gamma < \gamma_u = 5$일 때, 식 (8.32)는 근사적으로

$$f \simeq f_2 m^2 + Am^{\gamma-1} \tag{8.33}$$

으로 주어지고 임계지수 β는 $1/(\gamma-3)$이 된다. 각각 $\gamma > \gamma_u$일 때는 표준적인 평균장이론 또는 푸아송 연결선수 분포를 갖는 네트워크 위에서 처럼 전자의 경우 $\beta = 1$ 또 후자의 경우 $\beta = 1/2$이 된다. 참고로 γ가 3보다 작은 경우에는 $\langle k^2 \rangle$이 발산하므로 상호작용 계수 K가 유한하면 온도 $T > 0$인 영역에서 질서 맺음 변수 m도 0이 아닌 유한한 값을 갖는다. $q \geq 3$인 경우 $\gamma > 3$인 경우 일차 상전이가 일어난다. 상전이가 일어나는 온도는 다음과 같이 주어진다.

$$K_c = \ln \frac{\langle k^2 \rangle + (q-2)\langle k \rangle}{\langle k^2 \rangle - 2\langle k \rangle}. \tag{8.34}$$

$\gamma < 3$인 경우에는 $q \geq 1$에 대하여 이차 상전이가 일어난다.

일반적으로 척도 없는 네크워크에서 일어나는 상전이 현상은 Ginzburg-

		m	$C_v(T<T_c)$	χ_x
$f_3=0$, $f_4>0$	$\gamma>5$	$t^{1/2}$	jump at T_c	t^{-1}
	$\gamma=5$	$t^{1/2}/(\ln t^{-1})^{1/2}$	$1/\ln t^{-1}$	
	$3<\gamma<5$	$t^{1/(\gamma-3)}$	$t^{(5-\gamma)/(\gamma-3)}$	
$f_3>0$	$\gamma>4$	t	t	
	$\gamma=4$	$t/(\ln t^{-1})$	$t/(\ln^2 t^{-1})$	
	$3<\gamma<4$	$t^{1/(\gamma-3)}$	$t^{(5-\gamma)/(\gamma-3)}$	
arbitrary f_3 and f_4	$\gamma=3$	e^{-cT}	T^2e^{-2cT}	T^{-1}
	$2<\gamma<3$	$T^{-1/(3-\gamma)}$	$T^{-(\gamma-1)/(3-\gamma)}$	T^{-2}

표 8.1 여러 가지 물리량에 대한 임계점에서의 성질: 질서 맺음 변수(자기화) x, 비열 C_v, 그리고 감수율 χ. γ는 도수 분포에 관한 지수. $t\equiv 1-T/T_c$, c는 상수. $f_3<0$의 경우 또는 만약 $f_3=0$일 경우, $f_4<0$인 경우, $\gamma>3$일 경우 계는 일차 상전이를 일으킨다.

Landau 식 바탕에서 이해할 수 있는데 그 내용을 정리하면 표 8.1과 같다[106].

부록 8.1: $\Sigma_1(y)$의 해

다음의 합을 계산해 보자.

$$\Sigma_1(y)\equiv\frac{1}{N}\sum_{i=1}^{N}e^{-Np_iy}. \tag{8.35}$$

여기서 $p_i=i^{-\mu}/\zeta_N(\mu)$ $(0<\mu<1)$이고 $\zeta_N(\mu)=\sum_{i=1}^{N}i^{-\mu}$이다.

편의상 $y_N\equiv\frac{N^{1-\mu}}{\zeta_N(\mu)}y$로 표시한다. 이 양은 열역학 극한에서는 $(1-\mu)y$이 된다. 그러면 계산하고자 하는 양은 다음과 같이 바꾸어 쓸 수 있다. $\Sigma_1(y)=\sum_{i=1}^{N}s(i)$. 여기서 $s(x)=e^{-y_N(N/x)^{\mu}}/N$이다.

우선 $y_N N^\mu \ll 1$와 같은 경우를 생각하자. 이 경우에 $\Sigma_1(y)$는 다음과 같이 전개될 수 있다.

$$\begin{aligned}\Sigma_1(y) &= \frac{1}{N}\sum_{n=0}^{\infty}\frac{(-1)^n}{n!}(y_N N^\mu)^n \zeta_N(\mu n) \\ &= \sum_{n=0}^{\lfloor \frac{1}{\mu} \rfloor}\frac{(-1)^n}{n!(1-\mu n)} y_N^n + \frac{1}{N}\sum_{n=\lfloor \frac{1}{\mu}+1 \rfloor}^{\infty}\frac{(-1)^n}{n!}(y_N N^\mu)^n \zeta_N(\mu n).\end{aligned} \tag{8.36}$$

여기서 $\lfloor x \rfloor$는 x와 같거나 크지 않는 가장 큰 정수를 의미한다.

$y_N N^\mu \to \infty$의 극한에서는, 위의 식의 두 번째 전개식이 해석적이 아닌 항을 낳게 된다. $s(x)$와 그의 미분이 $x=1$와 $x=N$에서 $n \geq 0$에 대하여 다음과 같은 성질을 가지고 있다. $s^{(n)}(1) = \mathcal{O}(N^{\mu n-1}e^{-y_N N^\mu})$와 $s^{(n)}(N) = \mathcal{O}(N^{-n-1})$. 여기서 두 미분값은 열역학 극한에서 영으로 수렴하게 된다. 따라서 Euler-Maclaurin[107] 식을 이용하여 $\Sigma_1(y)$는 $N \to \infty$와 $y_N N^\mu \to \infty$의 극한에서 다음과 같이 계산된다.

$$\begin{aligned}\Sigma_1(y) &= \int_1^N dx\, s(x) = \int_1^N dx\, \frac{1}{N} e^{-y_N \left(\frac{N}{x}\right)^\mu} \\ &= \frac{1}{\mu} y_N^{\frac{1}{\mu}} \int_{y_N}^{\infty} dz\, z^{-1-\frac{1}{\mu}} e^{-z} \qquad (y_N N^\mu \to \infty) \\ &= \frac{1}{\mu} y_N^{\frac{1}{\mu}} \Gamma\left(-\frac{1}{\mu}, y_N\right).\end{aligned} \tag{8.37}$$

여기서 미완성(incomplete) 감마함수 $\Gamma(s,x)$는 다음과 같이 정의된다.

$$\Gamma(s,x) \equiv \int_x^\infty dt\, t^{s-1} e^{-t}. \tag{8.38}$$

이 함수는 다음과 같이 전개된다.

$$\begin{aligned}\Gamma(s,x) &= \int_x^\infty dt\, t^{s-1}\left[e^{-t} - \sum_{n=0}^{\lfloor -s\rfloor}\frac{(-t)^n}{n!} + \sum_{n=0}^{\lfloor -s\rfloor}\frac{(-t)^n}{n!}\right] \\ &= \int_0^\infty dt\, t^{s-1}\left[\sum_{n=\lfloor -s\rfloor+1}^{\infty}\frac{(-t)^n}{n!}\right] \\ &\quad - \int_0^x dt\, t^{s-1}\left[\sum_{n=\lfloor -s\rfloor+1}^{\infty}\frac{(-t)^n}{n!}\right] \\ &\quad + \int_x^\infty dt\, t^{s-1}\left[\sum_{n=0}^{\lfloor -s\rfloor}\frac{(-t)^n}{n!}\right] \\ &= \Gamma(s) - \sum_{n=0}^{\infty}\frac{(-1)^n}{n!(s+n)}x^{n+s}.\end{aligned} \tag{8.39}$$

위의 식에서 $\Gamma(s) = \int_0^\infty dt\, t^{s-1}[e^{-t} - \sum_{n=0}^{\lfloor -s\rfloor}(-t)^n/n!]$의 성질을 이용하였다[108]. 따라서

$$\Sigma_1(y) = \sum_{n=0}^{\infty}\frac{(-1)^n}{n!(1-\mu n)}y_N^n - \Gamma\left(1-\frac{1}{\mu}\right)y_N^{\frac{1}{\mu}} \tag{8.40}$$

를 얻는다.

어떤 정수 m에 대하여 $\mu \to 1/m$에 따라 위의 식은 다음과 같이 쓸 수 있다.

$$\Sigma_1(y) = \sum_{n \neq m}^{\infty} \frac{(-1)^n}{n!(1-\mu n)} y_N^n + \frac{(-1)^m}{(m-1)!} y_N^m \left[-\ln y_N - \gamma_M + 1 + \frac{1}{2} + \cdots \frac{1}{m-1} \right]. \tag{8.41}$$

왜냐하면,

$$\begin{aligned} &\lim_{\frac{1}{\mu} \to m} \left[\frac{(-1)^m}{m!(1-\mu m)} y_N^m - \Gamma\left(1 - \frac{1}{\mu}\right) y_N^{\frac{1}{\mu}} \right] \\ &= \frac{(-y_N)^m}{(1-\mu m)\Gamma(m+1)} \left[1 - \frac{1 + (\frac{1}{\mu} - m)\ln y_N}{1 + \frac{\Gamma'(m)}{\Gamma(m)}(\frac{1}{\mu} - m)} \right] \\ &= \frac{(-y_N)^m}{(m-1)!} \left[-\ln y_N - \gamma_M + 1 + \frac{1}{2} + \cdots \frac{1}{m-1} \right]. \end{aligned} \tag{8.42}$$

여기서 $\Gamma(z)\Gamma(1-z) = \pi / \sin \pi z$와

$$\Gamma'(m)/\Gamma(m) = -\gamma_M + \sum_{n=1}^{\infty} [1/n - 1/(n+m-1)]$$

을 이용하였다.

부록 8.2: 멱함수의 특이성

함수 $F(t)$가 멱함수 꼴로 행동하는 즉 $F(t) = t^{-\mu}$로 행동하는 경우에 그것의 모함수를 구하여 보자[109]. 즉

$$\mathscr{F}(z) = \sum_{t=0}^{\infty} F(t) z^t. \tag{8.43}$$

여기서 $0 < z < 1$이다. 이 식은 $\mathscr{F}(z) \approx \int^{\infty} F(t) e^{-t \ln(1/z)} dt$로 근사할 수 있다. 여기서 지수(exponential)함수 부분은 $t \to \infty$로 가면서 급속히 감소한다. 또한 $t \to 0$ 부근에서는 1에 근사한다. 따라서 지수함수는 $t < t^* = 1/\ln(1/z)$에서는 1이고 $t > t^*$에서는 0으로 가정한다. Fugacity $z \to 1$의 극한에서 $s = 1 - z$라고 놓으면 $t^* \sim 1/s$가 된다. 따라서

$$\mathscr{F}(z) \approx \int^{1/s} F(t) dt = \int^{1/s} t^{-\mu} dt \sim s^{\mu-1} = (1-z)^{\mu-1}. \quad (8.44)$$

제 9 장

스미기 전이(percolation transition)

제 9 장 스미기 전이(percolation transition)

이 장에서는 물리학에서 널리 연구되는 스미기 현상에 대한 모형을 소개하기로 하겠다[110]. 스미기(percolation) 현상을 이해하기 위해서 간단히 땅 속의 지질을 생각해 보자. 비가 내리면 사암층은 빗물이 스며들 수 있는 통로가 많이 존재하므로 빗물이 쉽게 통과한다. 그러나 진흙으로 이루어진 층에는 빗물이 스며들 수 있는 통로가 거의 없기 때문에 빗물이 스며들지 못한다.

스미기 현상에 대한 아이디어를 얻기 위해, 우선 그림 9.1과 같은 간단한 실험 장치를 생각해 보자. 그림 9.1에서 묘사한 것처럼 전기가 통하지 않는 원통형 유리 그릇에 전기가 잘 통하는 금속판을 위 아래로 부착한다. 유리 그릇의 내부에는 전기가 통하지 않는 유리구슬과 전기가 잘 통하는 쇠구슬 두 종류의 구슬을 넣을 수 있는데, 구슬의 크기는 종류에 관계 없이 일정하고, 구슬 100개를 넣으면 그릇이 꽉 찬다고 하자. 이때, 총 100개의 구슬 중에서 쇠구슬이 30개이고 나머지 70개가 유리 구슬이라고 하면 쇠구슬의 비율(확률)은 $p = 0.3$이다. 이 상태에서 위·아래의 두 철판에 전압을 가하면 두 철판 사이에 전류가 통할까? 쇠구슬이 위·아래 철판을 잇는 길을 만든다면 전기가 통할 것이고, 길을 만들지 않으면 전기가 통하지 않을 것이다. 구슬이 분포하는 상태에 따라 결과가 달라질 것이므로, 그릇을 흔들어서 구슬들의 위치를 변화시키며 여러 번에 걸쳐 실험을 반복하여 평균적으로 전기가

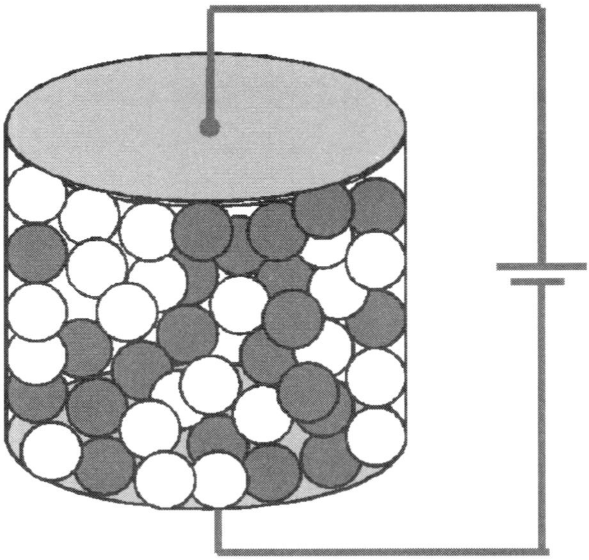

그림 9.1 간단한 스미기(percolation) 실험 개략도: 채워진 공은 쇠구슬, 빈 공은 유리구슬이다. 원통의 윗면과 밑면은 도체판으로 되어 있고, 옆면은 부도체로 만들어져 있다. 전체 구슬 수에 대하여 쇠구슬 수의 비율 p가 p_c보다 큰 경우 도체로 이어진 길이 만들어져 전기가 통하게 된다.

흐르는지의 여부를 판단한다. 일반적으로 p가 작으면 전기가 통하지 않을 것이고, p가 커지면 전기가 통할 것이다. 여기서 전기를 통하게 하는 최소의 p값을 임계 비율(임계 확률) p_c라고 한다. 즉, $p > p_c$이면 전기가 통하게 된다.

위의 실험을 단순하게 만들어 2차원 사각 격자에서의 스미기 모형을 생각해 보자. 유한한 크기의 균일한 2차원 격자에서 p의 확률로 두 격자점 사이에 링크(본드)가 존재하고(이것은 위 실험에서 쇠구슬이 존재하는 경우로 생각할 수 있다), $1-p$의 확률로 링크가 존재하지 않는다고 하자(이것은 위 실험에서 유리구슬이 존재하는 경우로 생각할 수 있다). p가 작으면 격자에 존재하는 링크의 개수도 적고, p를 점점 크게 하면 링크 수도 따라서 증가하다가, 임계 확률 p_c가 되면 유한한 격자의 양쪽 말단을 연결하는 경로가 형성된다. 이때 이러한 경로에 참여하는 연결된 링크들의 집합을 스미기 송이(percolation cluster)라고 한다. $p < p_c$일 때에는 스미기 송이가 없다가, $p > p_c$가 되면 스미기 송이가 유한한 확률로 생긴다. 이러한 과정은 상전이 현상에 해당하고, 이를 특별히 스미기 전이(percolation transition) 현상이라고 한다. 스미기 확률이 임계 문턱값을 가질 때, 즉 $p = p_c$일 때는 전체 격자를 덮을 정도로 큰 송이들과 함께, 아주 작은 고립된 송이들도 만들어진다. 이를 수학적으로 기술하면, s의 크기를 갖는 송이의 개수 $n(s)$를 멱함수 꼴로 쓸 수 있다. 즉, 적당한 분포 지수 τ에 대해,

$$n(s) \sim s^{-\tau} \tag{9.1}$$

이다. 이러한 멱함수 법칙은 열역학 극한(thermodynamic limit), 즉 $N \to \infty$에서 성립된다. 스미기 확률이 임계 문턱값에서 멀리 떨어진 값을 가질 경우에는 지수함수 형태의 교정 인자(factor)가 추가되어,

$$n(s) \sim s^{-\tau} e^{-s/s_c} \tag{9.2}$$

의 꼴로 바뀐다. 여기서 $s_c \sim (p_c - p)^{-1/\sigma}$의 관계가 알려져 있다. 여기서 지수 τ와 σ로부터 스미기 전이의 임계지수를 구할 수 있다. 또, 이들로부터 스미기 확률이 임계 문턱값을 가질 때, 임의의 한 노드가 s-크기의 송이에 속할 확률 $p(s)$를 구할 수 있는데, 이는 다음과 같은 함수를 따르는 꼴이 된다.

$$p(s) \sim sn(s) \sim s^{-\tau+1} e^{-s/s_c}. \tag{9.3}$$

이제 척도 없는 네트워크에서의 스미기 문제를 생각하고 그 성질을 살펴보자. 네트워크에서의 스미기 문제는, 네트워크를 구성하는 N개의 노드가 주어졌을 때, 링크의 개수 L을 점점 증가시키면서 노드들을 연결하는 문제로 정의할 수 있다. 연결선의 수 L이 작은 값을 가질 때는 적은 수의 노드들만을 연결하는 여러 개의 작은 송이들이 형성된다. 이런 송이들은 아직 성긴(sparse) 상태이며, 따라서 대부분의 송이들은 나뭇가지 구조(tree structure)를 가진다. 즉, 각각의 송이들에는 아직 고리구조(loop structure)가 형성되지 않았다고 생각할 수 있다. 네트워크의 송이가 나뭇가지 구조로만 되어 있는 경우에는 갈래치기 과정(branching process) 방법[111, 112]을 이용하여 스미기 문제에서의 송이들의 구조적 특성을 해석적으로 이해할 수 있다. 이 방법을 이용하여 L의 증가에 따른 송이들의 진화 양상을 연구한 논문이 최근 발표되었는데, 그 내용은 이 장의 마지막 절에서 다루기로 한다. 코헨 등[113, 114]은 연결선의 수가 $\mathcal{O}(N)$인 척도 없는 네트워크에서 노드를 무작위로 제거하면서 스미기 송이가 없어지는 순간에 대해 연구하였는데, 갈래치기 과정 방법에서와 같은 결과를 얻었다. 한편, 스미기 전이는 Kasteleyn과 Fortuin이 제시한 수식 체계[115], 즉 Potts 모형의 $q \to 1$인 극한에 해당되므로 Potts 모형을 이용한 분석도 가능하다. 앞으로는 Potts 모형을 이용하여 스미기 전이의 성질을 살펴보기로 하자[116].

9.1 Potts 모형과 스미기 문제와의 관계

q-state 폿츠 모형과 bond percolation 문제와의 관련성은 Kasteleyn이 유도한 수식으로부터 잘 알려져 있다[115, 116]. 폿츠 모형의 $q \to 1$의 극한이 스미기 문제에 대응된다. 이에 대하여 살펴보자.

우선 다음과 같은 Potts 스핀에 의한 하밀토니안을 생각해 보자.

$$\mathcal{H} = -J \sum_{i>j} a_{ij} \delta(\sigma_i, \sigma_j). \tag{9.4}$$

여기서 σ_i는 i노드에 있는 스핀으로 $\sigma_i = 1, \cdots, q$의 가능한 상태를 가질 수 있다. a_{ij}는 이웃행렬의 (i,j)의 성분으로 두 노드 i와 j가 연결되어 있으면 $a_{ij} = 1$이고 연결되어 있지 않으면 $a_{ij} = 0$이다. $\delta(\sigma_i, \sigma_j)$는 σ_i와 σ_j가 같은 스핀 상태에 있으면 1, 다른 상태에 있으면 0 값을 갖는다. 이 하밀토니안으로부터 분배함수를 다음과 같이 구할 수 있다.

$$\begin{aligned} Z_N &= \sum_{\sigma_1=1}^{q} \cdots \sum_{\sigma_N=1}^{q} e^{K \sum_{ij} a_{ij} \delta(\sigma_i, \sigma_j)} \\ &= \sum_{\sigma_1=1}^{q} \cdots \sum_{\sigma_N=1}^{q} \prod_{<i,j>} (1 + u a_{ij} \delta(\sigma_i, \sigma_j)). \end{aligned} \tag{9.5}$$

여기서 $K = J/k_B T$이고 $u = (e^K - 1)$이다. 이 식은 다음과 같이 쓸 수 있다.

$$Z_N = \sum_G u^L q^C. \tag{9.6}$$

여기서 L은 링크(bond)수이며 C는 연결된 무리(cluster) 수이다. 이해를 좀 더 쉽게 하기 위하여 세 개의 노드로 구성되어 있는 계를 생각해

	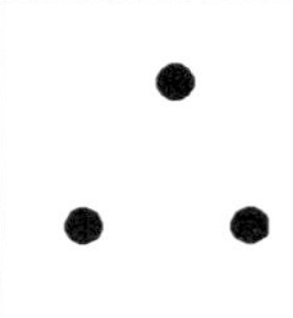	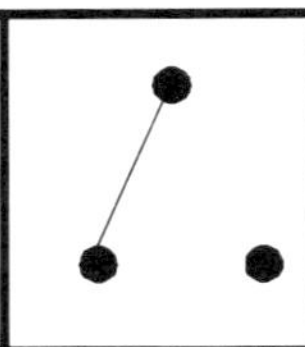	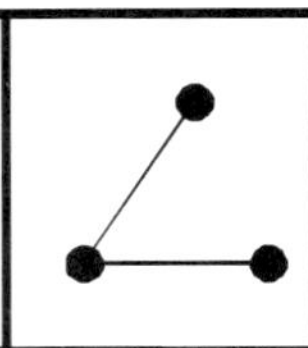	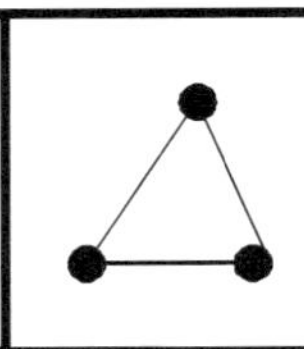
L	0	1	2	3
C	3	2	1	1

그림 9.2　Potts 모형에 대한 그래프적 해석: 3개의 노드로 구성되어 있는 계에서 가능한 링크의 상태를 요약한 표

보자. 이 계에서 구한 분배함수는 다음과 같이 쓸 수 있다.

$$
\begin{aligned}
Z_3 &= \sum_{\sigma_1=1}^{q}\sum_{\sigma_2=1}^{q}\sum_{\sigma_3=1}^{q}(1+\delta_{12})(1+\delta_{23})(1+\delta_{31}) \\
&= q^3 + 3uq^2 + 3u^2q + u^3q.
\end{aligned} \tag{9.7}
$$

여기서 $\delta_{12} = u\delta(\sigma_1, \sigma_2)$를 의미한다. δ_{23}와 δ_{31}도 같은 방식으로 정의된다. 식 (9.7)을 살펴보자. q^3항은 서로 연결되어 있지 않은 3개의 노드에서 생긴 항이며, $3uq^2$은 두 개의 노드는 연결되어 있고, 한 개의 노드가 연결되어 있지 않은 경우에 생기는 항이다. 이런 경우는 3가지가 존재하므로 앞의 계수 3이 생긴다. $3u^2q$항은 3개의 노드가 2개의 링크로 연결되어 있는 경우에 생기는 항이다. 이런 경우도 3가지 생긴다. u^3의 항은 3 개의 노드가 3개의 링크로 연결된 경우에 생기는 것으로 이런 경우는 1가지 존재한다. 위의 경우를 종합하여 그림 9.2에서 나타내었다. 이로부터 식 (9.6)이 성립됨을 알 수 있다.

식 (9.6)에서 구한 분배함수를 가지고 다음을 생각해 보자. 자유에너지를 q에 대하여 미분하자.

$$\begin{aligned}\left.\frac{\partial \ln Z}{\partial q}\right|_{q\to 1} &= \frac{\left.\sum C u^L q^{C-1}\right|_{q\to 1}}{\left.\sum u^L q^C\right|_{q\to 1}} \\ &= \frac{\sum_G C u^L}{\sum_G u^L} = \sum_G C p^L (1-p)^{N_b - L}. \end{aligned} \tag{9.8}$$

마지막 단계는 $u = p/(1-p)$라고 치환하여 얻어졌으며 N_b가 모든 가능한 노드 쌍의 수일 때 $\sum_G u^L = (1+u)^{N_b} = (1+p/(1-p))^{N_b} = (1-p)^{-N_b}$를 이용하였다. 이 식은 링크가 p라는 확률로 연결될 때 전체 가능한 노드 쌍의 수가 N_b일 때 클러스터의 수 C의 평균값을 의미한다. 즉 percolation의 구조적 특징을 Potts model의 분배함수로부터 구할 수 있다.

9.2 Potts model을 이용한 스미기 문제 접근

다음은 척도 없는 네트워크를 구성하는 static model을 이용하여 척도 없는 네트워크에서 일어나는 percolation transition에 대하여 살펴보자[117].

편의상 8.2절에서 논의한 내용을 반복하기로 하자. 우선 q-상태 폿츠 모형의 하밀토니안은 다음과 같이 주어진다.

$$-\mathscr{H} = 2NK \sum_{i>j} p_i p_j \delta(\sigma_i, \sigma_j) + h_0 \sum_{i=1}^{N} [q\delta(\sigma_i, 1) - 1]. \tag{9.9}$$

여기서 K는 상호작용 크기이고, h_0는 외부 자기장이다. $\delta(x,y)$는 Kronecker 델타 함수이다. 퐂츠 스핀 σ_i는 $1,2,\cdots,q\equiv r+1$의 값을 가질 수 있다. 편의상 $r\equiv q-1$로 사용한다. 분배 함수 $Z_N(q,h_0)$는 다음과 같이 쓴다.

$$
\begin{aligned}
Z_N(q,h_0) &= \mathrm{Tr}\, e^{-\mathcal{H}} \\
&= \mathrm{Tr} \prod_{i>j} \left[1+(e^{2NKp_ip_j}-1)\delta(\sigma_i,\sigma_j)\right] \prod_i e^{h_0(q\delta(\sigma_i,1)-1)}.
\end{aligned}
\tag{9.10}
$$

여기서 Tr는 q^N개의 스핀 상태에 대한 합을 의미한다. 첫 번째 곱의 항을 전개시키고, Tr를 적용시켜서 다음을 구한다.

$$
Z_N(q,h_0) = \sum_G \prod_{b_{ij}\in G} (e^{2NKp_ip_j}-1) \prod_{s\geq 1} (e^{srh_0}+re^{-sh_0})^{n_G(s)}. \tag{9.11}
$$

여기서 $N_G(s)$는 s-clusters의 개수이다. 식 (8.3)과 비교하여 다음을 구할 수 있다.

$$
Z_N(q,h_0) = e^{NK(1-M_2)} \sum_G P(G) \prod_{s\geq 1} (e^{srh_0}+re^{-sh_0})^{n_G(s)}. \tag{9.12}
$$

특별히 외부 자기장이 걸리지 않았을 경우에는 $h_0=0$, $Z_N(q,0)=e^{NK(1-M_2)}\langle q^C\rangle$을 얻을 수 있으며, 여기서 $C=\sum_s N_G(s)$이고 이것은 그래프 G에 있는 총 클러스터의 개수이다. 그러므로 $Z_N(q,0)$는 클러스터가 생길 확률의 모함수(generating function)가 된다.

퐂츠 모형의 자기화(magnetization)는 다음과 같이 정의된다.

$$m(q,h_0)=\frac{1}{rN}\frac{\partial}{\partial h_0}\ln Z_N(q,h_0). \tag{9.13}$$

이를 다시 쓰면 다음과 같다.

$$m(q,h_0)= \frac{\left\langle \sum_{\text{clusters}}\left[\frac{e^{srh_0}-e^{-sh_0}}{e^{srh_0}+re^{-sh_0}}\right]\left(\frac{s}{N}\right)\prod_{\text{clusters}}(e^{srh_0}+re^{-sh_0})\right\rangle}{\langle\prod_{\text{clusters}}(e^{srh_0}+re^{-sh_0})\rangle}. \tag{9.14}$$

$N(s)=\langle N_G(s)\rangle$는 s개의 노드들로 구성되어 있는 클러스트의 평균 개수이다. 이로부터 $p(s)\equiv N(s)(s/N)$를 정의하면 $p(s)$는 임의의 한 노드를 선택하였을 때 s-size 클러스터에 속할 확률이 된다. 이 확률의 모함수를 $\mathscr{P}(z)=\sum_{s\geq 1}p(s)z^s$로 정의하면, 자기화 함수는 $q=1$의 극한에서 $\mathscr{P}(z)$와 다음과 같이 관계가 있다.

$$m(1,h_0)=\sum_{s\geq 1}p(s)\left(1-e^{-sh_0}\right)=1-\mathscr{P}(e^{-h_0}). \tag{9.15}$$

계의 총 노드 수 N이 유한한 경우에는 $h_0=0$에서 자기화가 영으로 수렴하지만, 열역학의 극한 $N\to\infty$을 먼저 취하고 $h_0\to 0$를 취하면, 소위 무한히 큰 spanning 클러스터에 의한 항이 남게 된다. 즉 가장 큰 클러스터에 속한 노드 수의 평균치는 $\langle S\rangle\sim\mathcal{O}(N)$이 되고, 이것이 스미기 전이의 질서매개변수(order parameter)가 된다.

$$m(1,h_0\to 0)=\left\langle\frac{S}{N}\right\rangle. \tag{9.16}$$

앞으로 편의상 $m(1, h_0 \to 0)$을 m이라고 표시하기로 한다.

감수율(susceptibility)을 살펴보자. 감수율은

$$\chi(q, h_0) \equiv (1/q)(\partial / \partial h_0) m(q, h_0)$$

으로 정의하는데 클러스터 사이즈의 분산을 의미하게 된다.

$$\chi(1, h_0 \to 0) = \lim_{h_0 \to 0} \lim_{N \to \infty} \sum_s P(s) s e^{-s h_0} = \sum_{s \neq \langle S \rangle} s P(s). \qquad (9.17)$$

위의 식을 유도하기 위하여 $h_0 \langle S \rangle \to \infty$의 관계식을 이용하였다. 나중의 논의를 위하여 $\chi(1, h_0 \to 0) = \bar{s}$로 표시한다. 여기서 $\bar{s}$를 구하기 위하여 χ를 전체 노드 수로 규격화하였다.

그래프 이론에서 고리(loop)의 수 N_{loop}는 총 클러스트의 수 C와 다음과 같은 관계가 있다(Euler 관계식).

$$N_{\text{loop}} = L - N + C. \qquad (9.18)$$

분배함수가 다음과 같은 관계를 가지고 있는 것을 이용하여, $Z_N(q, 0) \sim \langle q^C \rangle$, 고리의 평균 수를 다음과 같이 분배함수로부터 구할 수 있다.

$$\frac{\langle N_{\text{loop}} \rangle}{N} = \frac{\langle L \rangle}{N} - 1 + \frac{1}{N} \frac{\partial}{\partial q} \left[\ln Z_N(q, 0) \right]_{q=1}. \qquad (9.19)$$

단위 노드당의 고리의 수 $\langle N_{\text{loop}} \rangle / N$를 ℓ로 표시한다.

9.3 분배함수

지금까지의 논의는 클러스터의 크기 분포와 평균고리 수를 분배함수로부터 구할 수 있다는 것을 보였다. 이들 양을 구하기 위해서는 분배함수를 정확히 구하는 것이 필요하다는 것이 된다. 분배함수를 구하기 위해 vector-spin representation을 사용하는 것이 편리하다. $\vec{S}(1) = (1,0,\cdots,0)$이고 $\sigma_i = 2,3,\cdots,q$에 대하여 $\vec{S}(\sigma_i)$은 나머지 r차원 공간에 사면체의 꼭짓점을 향하는 벡터이다. 그러면 이 벡터를 이용하여 Kronecker 델타 함수는 다음과 같이 표시할 수 있다.

$$\delta(\sigma_i,\sigma_j) = \frac{1}{q}(r\,\vec{S}(\sigma_i)\cdot\vec{S}(\sigma_j)+1). \tag{9.20}$$

이 식을 이용하여 식 (9.9)의 상호작용 항은 다음과 같이 다시 쓸 수 있다.

$$\begin{aligned} &2NK\sum_{i>j} p_i p_j \delta(\sigma_i,\sigma_j) = \\ &\quad NK\left(\frac{1}{q}-M_2\right)+\frac{rNK}{q}\left(\sum_i p_i \vec{S}(\sigma_i)\right)^2. \end{aligned} \tag{9.21}$$

여기서 $M_2 = \sum_{i=1}^{N} p_i^2$이다. 그 다음 제곱꼴로 되어 있는 항은 다음과 같은 항등식을 이용하여 분해하게 된다. 이 방법을 Hubbard-Stratonovich 변환이라고 한다. $\int dy e^{-ay^2+by} = \sqrt{\pi/a}\, e^{b^2/(4a)}$. 그러면 분배함수는 비록 적분꼴로 되어 있지만 $\vec{S}$에 대하여 선형적인 형태를 지니게 된다.

$$Z_N(q,h_0) = \mathrm{Tr}\left[e^{NK(\frac{1}{q}-M_2)}\left(\frac{4\pi K}{rqN}\right)^{-\frac{r}{2}} e^{\sum_{i=1}^{N} r\vec{h_0}\cdot\vec{S}(\sigma_i)} \int d\vec{y}\, e^{-\frac{rqN}{4K}y^2 + rN\sum_{i=1}^{N} p_i \vec{y}\cdot\vec{S}(\sigma_i)}\right]. \tag{9.22}$$

여기서 적분은 r-차원의 적분이 되고, 자기장은 다음과 같이 주어진다. $\vec{h_0} = (h_0, 0, \ldots, 0)$. Tr operator를 각 스핀에 대하여 적용하면 다음과 같은 분배함수를 얻게 된다. 그러면

$$Z_N(q,h_0) = \left(\frac{4\pi K}{rqN}\right)^{-\frac{r}{2}} q^N e^{NK(\frac{1}{q}-M_2)} \int d\vec{y}\, e^{-\frac{rqN}{4K}y^2 + \sum_{i=1}^{N} \ln\tilde{\zeta}(\vec{h_0}+Np_i\vec{y})}. \tag{9.23}$$

여기서

$$\tilde{\zeta}(\vec{h}) = \frac{1}{q}\sum_{\sigma=1}^{q} e^{r\vec{h}\cdot\vec{S}(\sigma)} \tag{9.24}$$

이다.

다음 단계로는 적분을 구하는 것인데, $N \to \infty$으로 갈 때

$$(1/N)\sum_{i=1}^{N} \ln\tilde{\zeta}(\vec{h_0} + Np_i\vec{y})$$

이 수렴한다는 전제하에 saddle point 근사 방법을 이용하여 구할 수 있다. 이 근사에서는 적분값은 피적분함수의 극대값으로 대치된다. 이 극대값에서는 다음과 같은 식을 만족시킨다.

$$\frac{q}{2K}\vec{y} = \frac{1}{rN}\sum_{i=1}^{N}\nabla_{\vec{y}}\ln\tilde{\zeta}(\vec{h}_0 + Np_i\vec{y}). \tag{9.25}$$

$\vec{h}_0 = 0$일 때 $\vec{y} = 0$은 언제나 위의 식의 해가 되지만 이것은 자명한 해가 되어 관심에서 제외된다. 관심을 끄는 해는 $(\vec{y} \neq 0)$에서 위의 식을 만족시키는 해이다. 이 해는 폿츠 모형의 대칭성을 깨뜨리는 해가 된다. 외부의 자기장이 제1-방향으로 주어진 경우에 $\vec{h}_0 = (h_0, 0, \cdots, 0)$, 위의 방정식을 만족시키는 해는 $\vec{y} = (y, 0, \cdots, 0)$로 주어지는 다양체(manifold)상에 존재하게 된다. $h_0 \to 0^+$로 가는 극한에서 q개의 동등한 자발적으로 대칭을 깨는 해가 존재할 수 있게 되는데, 이 중 한 해를 선택하기로 하자. 이러한 해가 존재한다는 것을 가정하고 분배함수를 다시 쓰면 다음과 같이 쓸 수 있다.

$$\frac{1}{N}\ln Z_N(q, h_0) = \ln q + K\left(\frac{1}{q} - M_2\right) - rF(y, h_0). \tag{9.26}$$

여기서

$$F(y, h_0) = \frac{q}{4K}y^2 - \frac{1}{rN}\sum_{i=1}^{N}\ln\zeta(h_0 + Np_i y, q). \tag{9.27}$$

Zeta 함수는 다음과 같이 정의되며

$$\zeta(h, q) = \frac{1}{q}\sum_{\sigma=1}^{q} e^{r\vec{h}\cdot\vec{S}(\sigma)} = \frac{e^{rh} + re^{-h}}{1 + r}, \tag{9.28}$$

y는 saddle-point 방정식의 해가 되는 것으로 다음과 같은 자체-일관적

인(self-consistent) 방정식을 만족시킨다.

$$\frac{q}{2K}y = \frac{1}{r}\sum_{i=1}^{N} p_i \frac{\partial}{\partial h_0} \ln \zeta(h_0 + N p_i y, q). \tag{9.29}$$

$m = (1/(rN))(\partial/\partial h_0)\ln Z$의 관계식으로부터

$$m(q, h_0) = -\frac{d}{dh_0}F(y, h_0) = \frac{1}{rN}\sum_{i=1}^{N}\frac{\partial}{\partial h_0}\ln \zeta(h_0 + N p_i y, q) \tag{9.30}$$

을 얻게 된다. 식 (9.27), (9.29)와 (9.30)에서 $r \to 0$의 극한을 취하고 $h_i = h_0 + N p_i y$를 이용하면,

$$F(y, h_0) = \frac{1}{4K}y^2 - \frac{1}{N}\sum_{i=1}^{N}(e^{-h_i} - 1 + h_i) \tag{9.31}$$

을 얻게 되는데 여기서 y는 다음 방정식의 해이다.

$$\frac{y}{2K} = \sum_{i=1}^{N} p_i(1 - e^{-h_i}). \tag{9.32}$$

그러므로 자기화(magnetization)와 감수율(susceptibility)은 다음과 같이 귀결된다.

$$m(1, h_0) = \frac{1}{N}\sum_{i=1}^{N}(1 - e^{-h_i}). \tag{9.33}$$

그리고

$$\chi(1, h_0) = \frac{1}{N}\sum_{i=1}^{N} e^{-h_i}(1 + N p_i \frac{dy}{dh_0})$$

$$= \frac{1}{N}\sum_{i=1}^{N} e^{-h_i} + \frac{\left(\sum_{i=1}^{N} p_i e^{-h_i}\right)^2}{(2K)^{-1} - \sum_{i=1}^{N} N p_i^2 e^{-h_i}}. \tag{9.34}$$

위의 식을 얻기 위하여 다음 식을 사용하였다.

$$\frac{dy}{dh_0} = \frac{\sum_{i=1}^{N} p_i e^{-h_i}}{(2K)^{-1} - \sum_{i=1}^{N} N p_i^2 e^{-h_i}}. \tag{9.35}$$

다음으로 $h_0 \to 0$의 극한을 취한다. 이러한 스핀 계에서 정의한 양으로부터 네트워크에서 링크의 개수가 증가하면서 일어나는 스미기 전이에서 나타나는 큰 클러스터의 크기와 유한한 클러스터 크기의 분산에 대한 성질을 구하게 되었다.

또한 평균 클러스터의 수와 고리 수는 다음과 같은 관계식을 가짐을 알 수 있다.

$$\frac{\langle C\rangle}{N} = 1 - K - F(y,0)|_{q=1}, \tag{9.36}$$

$$\frac{\langle N_{\text{loop}}\rangle}{N} = \frac{\langle L\rangle}{N} - K - F(y,0)|_{q=1}. \tag{9.37}$$

여기서 y는 식 (9.32)에서 $h_0 = 0$을 취한 후 구할 수 있다.

$h_0 \to 0$을 취한 후 식 (9.32)에서 진정한 해는 $(2K)^{-1} < N\sum_{i=1}^{N} p_i^2$일 때 얻게 된다. 이 조건으로부터 임계값 K_c을 얻을 수 있다.

$$K_c = \frac{1}{2N\sum_{i=1}^{N} p_i^2}. \tag{9.38}$$

만약 p_i가 i^{-1}보다 천천히 감소하고 모든 i에 대하여 $Kp_i \ll 1$이면 $\langle k\rangle = 2K$와 $\langle k^2\rangle = (1/N)\sum_{i=1}^{N}\langle k_i^2\rangle = \langle k\rangle + N^{-1}\sum_{i=1}^{N}\langle k_i\rangle^2 =$

$2K + 4NK^2 \sum_{i=1}^{N} p_i^2$이 된다. 이로부터

$$K_c = \frac{1}{2} \frac{\langle k \rangle^2}{\langle k^2 \rangle - \langle k \rangle} \tag{9.39}$$

을 얻게 된다. 또, $K = K_c$의 조건은 $\langle k^2 \rangle / \langle k \rangle = 2$로 귀결된다. 이 식은 Molloy와 Reed가 구한 것과 동일하게 된다[88].

9.4 스태틱 모형을 이용한 스미기 전이 유도: 열역학 극한

지금까지의 논의는 임의의 p_i가 주어진 경우에 관심있는 물리량을 구하는 방법을 설명한 것이고, 앞으로는 특별히 스태틱 모형인 경우에 구하여 보자. 스태틱 모형에서는 i번째 노드에 주어진 가중치 p_i가 다음과 같이 주어졌다.

$$p_i = \frac{i^{-\mu}}{\zeta_N(\mu)} \quad (0 < \mu < 1). \tag{9.40}$$

여기서 $\zeta_N(x) \equiv \sum_{i=1}^{N} i^{-x}$이다. 열역학 극한 $N \to \infty$, $\zeta_N(x)$는 $x > 1$인 경우에 Riemann zeta 함수 $\zeta(x)$로 수렴하며 $0 < x < 1$인 경우에는 $N^{1-x}/(1-x)$로 발산하게 된다. 경계인 경우 $x = 1$, $\ln N + \gamma_M$이 된다. γ_M은 Euler-Mascheroni 상수이며 값은 $\gamma_M = 0.5772\cdots$ 이다. 식 (9.31)에서 나오는 합은 다음과 같은 전개를 이용하여 구하게 된다.

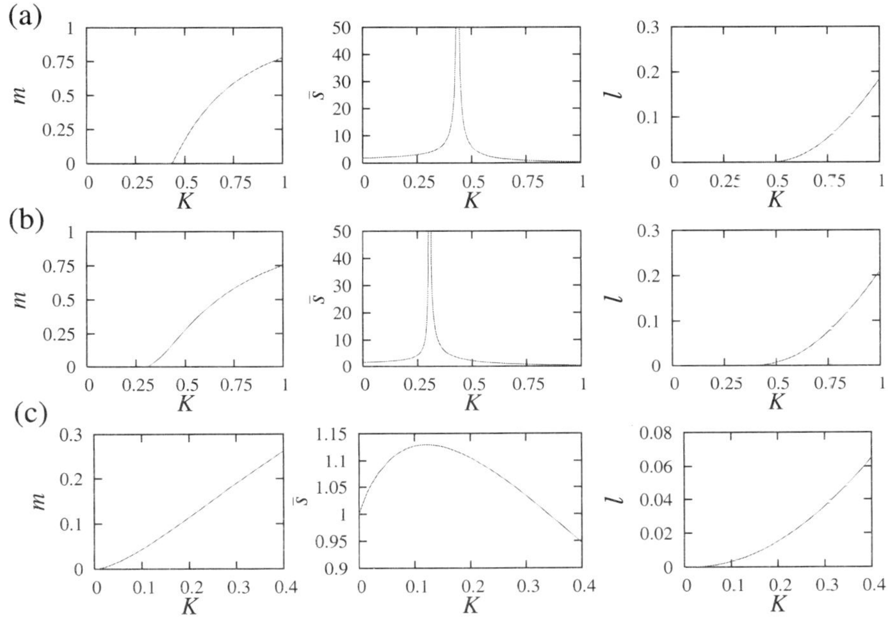

그림 9.3 스미기 클러스터의 성질: 가장 큰(giant) 클러스터 크기 m, 평균 클러스터 크기 $\bar{s}$와 고리의 개수 $\ell = \langle N_{\text{loop}} \rangle / N$ 대 K의 그림. 여기서 $\mu = 5/19(\lambda = 4.8)$(a), $\mu = 5/13(\lambda = 3.6)$(b), and $\mu = 5/7(\lambda = 2.4)$(c)을 사용하였다. 이 그림은 각각 식 (9.45), (9.51)과 (9.58)로부터 구한 것이고, 식 (9.46)도 이용하였다. 이 그림은 참고논문[117]에서 발췌한 것이다.

$$\Sigma_1(y) \equiv \frac{1}{N}\sum_{i=1}^{N} e^{-Np_i y}$$
$$= -\Gamma\left(1-\frac{1}{\mu}\right)(1-\mu)^{\frac{1}{\mu}} y^{\frac{1}{\mu}} + 1 - y + \frac{(1-\mu)^2}{2(1-2\mu)} y^2 + \cdots . \tag{9.41}$$

여기서 $y(1-\mu)N^{\mu} \gg 1$의 조건을 사용하였으며 $1/\mu$이 정수가 되는 경우는 고려하지 않았다. 이것을 이용하여 식 (8.6)과 (8.7)은 다음과 같이 간단히 쓸 수 있다.

$$\langle k_i \rangle = 2NKp_i \quad \text{and} \quad \langle k \rangle = 2\langle L \rangle / N = 2K. \tag{9.42}$$

이 결과를 얻기 위해서 열역학 극한 $N \to \infty$과 모든 i에 대하여 $Kp_i \ll 1$, 즉 $K \ll \zeta_N(\mu) = \mathcal{O}(N^{1-\mu})$을 사용하였다. 같은 조건을 이용하여, 식 (8.8)의 세번째 항 $(1-e^{-2NKp_ip_j})^2$은 열역학 극한에서 $\langle k^2 \rangle = (1/N)\sum_{i=1}^{N}\langle k_i^2 \rangle$에 이바지하지 않는다. 따라서 $\langle k^2 \rangle = (1/N)\sum_{i=1}^{N}[\langle k_i \rangle + \langle k_i \rangle^2]$을 얻는다.

편의상 μ의 영역을 다음과 같이 3개의 영역으로 나누어 여러 가지 물리적 성질을 생각하기로 하자. (I) $0 < \mu < 1/3$ $(\gamma > 4)$, (II) $1/3 < \mu < 1/2$ $(3 < \gamma < 4)$, 그리고 (III) $1/2 < \mu < 1$ $(2 < \gamma < 3)$.

9.5 도수분포

도수분포함수 $P_{\rm d}(k)$는 다음과 같은 모함수을 이용하여 구하는 것이 편리하다. $g(\omega) = \sum_k P_{\rm d}(k)\omega^k$. 이 모함수는 열역학 극한에서 $\Sigma_1(2K(1-\omega))$이 된다. 이 열역학 극한의 조건은 $p_i(1-p_i) \simeq p_i$의 근사를 하기 위해서 필요하다. 식 (8.36)과 (8.40)으로부터 연결선수의 분포는 다음과 같이 유도된다.

$$P_{\rm d}(k) = \frac{1}{k!}\left.\frac{d^k}{d\omega^k}g(\omega)\right|_{\omega=0} \simeq \begin{cases} c_1 k^{-1-\frac{1}{\mu}} & \text{for } 1 \ll k \ll k_{\max}, \\ c_2 \frac{k_{\max}^k}{k!} & \text{for } k \gg k_{\max}. \end{cases} \tag{9.43}$$

여기서 $k_{\max}$는 $\langle k_1 \rangle$와 같다. 즉, $k_{\max} = 2K(1-\mu)N^{\mu}$이다. 또 상수들은 다음과 같다. $c_1 = (1/\mu)[2K(1-\mu)]^{1/\mu}$와

$$c_2 = (1/N)\sum_{r=0}^{\infty}(-k_{\max})^r \zeta[\mu(k+r)]/r! \simeq e^{-k_{\max}}/N.$$

지금부터 연결선수의 영역을 $K_\ell \ll K \ll K_u$로 국한한다. 여기서 $K_\ell \equiv N^{-\mu}/(2(1-\mu))$이고 $K_u \equiv N^{1-\mu}/(2(1-\mu))$이다. 이 영역에서는 $1 \ll k_{\max} \ll N$이고 연결선수의 분포는 멱함수 법칙 $P_{\mathrm{d}}(k) \sim k^{-\lambda}$을 따르는데 지수는

$$\lambda = 1 + \frac{1}{\mu} \tag{9.44}$$

로 주어진다.

9.6 거대 클러스터의 크기

거대 클러스터의 크기는 식 (9.33)을 이용하여 자화율로부터 구할 수 있다. 여기서 $h_i = Np_i y$로 치환이 필요하다. $\Sigma_1(y)$를 계산하여 다음과 같은 결과를 얻게 된다.

$$m = 1 - \Sigma_1(y). \tag{9.45}$$

여기서 y는 식 (9.32)를 풀어서 결정된다.

$$\frac{y}{2K} = \sum_{i=1}^{N} p_i(1-e^{-h_i}) = 1 + \Sigma_1'(y). \tag{9.46}$$

여기서 $\Sigma_1'(y) = (d/dy)\Sigma_1(y)$.

y가 작을 때 각 영역에서는 다음과 같이 전개된다.

$$
\begin{aligned}
&\text{(I)} \quad \frac{y}{2K} \simeq \frac{y}{2K_c} - \frac{(1-\mu)^3}{2(1-3\mu)} y^2, \\
&\text{(II)} \quad \frac{y}{2K} \simeq \frac{y}{2K_c} - \Gamma\left(1-\frac{1}{\mu}\right) \frac{(1-\mu)^{\frac{1}{\mu}}}{\mu} y^{\frac{1}{\mu}-1}, \\
&\text{(III)} \quad \frac{y}{2K} \simeq -\Gamma\left(1-\frac{1}{\mu}\right) \frac{(1-\mu)^{\frac{1}{\mu}}}{\mu} y^{\frac{1}{\mu}-1}.
\end{aligned}
\tag{9.47}
$$

(I)과 (II)의 영역에서 임계점 K_c는 다음과 같은 유한한 값을 갖는다.

$$
K_c = \frac{(1-2\mu)}{2(1-\mu)^2}. \tag{9.48}
$$

$K > K_c$ (I, II) 또는 $K > 0$ (III)인 경우에 자화율, 즉 거대 클러스터의 크기 $\langle S/N \rangle$는 다음과 같이 구해진다.

$$
\begin{aligned}
&\text{(I)} \quad m \simeq y \simeq \frac{2(1-3\mu)}{(1-\mu)(1-2\mu)} \Delta, \\
&\text{(II)} \quad m \simeq y \simeq \frac{1}{1-\mu} \left(\frac{\mu}{(1-2\mu)\Gamma\left(1-\frac{1}{\mu}\right)} \right)^{\frac{\mu}{1-2\mu}} \Delta^{\frac{\mu}{1-2\mu}}, \\
&\text{(III)} \quad m \simeq y \simeq \left(\frac{2(1-\mu)^{\frac{1}{\mu}} \left|\Gamma\left(1-\frac{1}{\mu}\right)\right|}{\mu} \right)^{\frac{\mu}{2\mu-1}} K^{\frac{\mu}{2\mu-1}}.
\end{aligned}
\tag{9.49}
$$

여기서 $\Delta \equiv K/K_c - 1$(I, II)이고 (III) 영역에서는 K가 된다. 질서 맺음 변수가 임계점 근처에서 행동이 다음과 같이 기술되므로 $m \sim \Delta^{\beta}$,

지수 β 값은

$$\beta = \begin{cases} 1 & \text{(I)} \\ \dfrac{\mu}{1-2\mu} & \text{(II)} \\ \dfrac{\mu}{2\mu-1} & \text{(III)} \end{cases}. \tag{9.50}$$

9.7 클러스터 크기의 분산

클러스터 크기의 분산 $\bar{s}$ 또는 감수율 $\chi(1, h_0 \to 0)$은 다음과 같이 $\Sigma_1(y)$의 함수로 나타낼 수 있다.

$$\bar{s} = \Sigma_1(y) + \frac{[\Sigma_1'(y)]^2}{(2K)^{-1} - \Sigma_1''(y)}. \tag{9.51}$$

y는 식 (9.46)의 해이고 $\Sigma_1''(y) = (d/dy)\Sigma_1'(y)$이다.

만약 (I)과 (II)의 영역에서 $K < K_c$이면, $y = 0$이고, $\Sigma(0) = -\Sigma'(0) = 1$와 $\Sigma_1''(0) = 1/(2K_c)$이므로

$$\bar{s} = 1 + \frac{2KK_c}{K_c - K} \tag{9.52}$$

이다. 그런데 $K > K_c$일 때는, y는 영이 아니고 식 (9.49)와 같이 주어지므로 $\Sigma(y) \simeq 1$이고 $\Sigma'(y) \simeq -1$이다.

$$\Sigma''(y) \simeq \begin{cases} \frac{1}{2K_c} - \frac{\Delta}{K_c} & \text{(I)}, \\ \frac{1}{2K_c} - \frac{1-\mu}{2\mu}\frac{\Delta}{K_c} & \text{(II)}. \end{cases} \tag{9.53}$$

이 식을 이용하면 클러스터 크기의 분산은 다음과 같다.

$$\bar{s} \simeq \begin{cases} \frac{c_-}{(-\Delta)} & (\Delta < 0), \\ \frac{c_+}{\Delta} & (\Delta > 0). \end{cases} \tag{9.54}$$

여기서

$$c_- = 2K_c, \quad c_+ = \begin{cases} 2K_c & \text{(I)}, \\ \frac{2\mu}{1-2\mu}K_c & \text{(II)}. \end{cases} \tag{9.55}$$

$\bar{s}$은 (I)과 (II)의 영역에서 K_c에서 발산하게 된다. 따라서 감수율을 $\chi \sim |\Delta|^{-\gamma}$과 정의하면 (I)과 (II)의 영역에서 $\gamma = 1$.

(III) 영역에서는 $K_c = 0$이므로 $K = 0$일 때는 $y = 0$이 된다. $K > 0$ 이지만 영 근처 열역학 극한에서는 다음과 같은 결과를 얻게 된다.

$$\begin{aligned} \Sigma_1(y) &\simeq 1 - \left(\frac{2B}{\mu}\right)^{\frac{\mu}{2\mu-1}} K^{\frac{\mu}{2\mu-1}} + \left(\frac{2}{\mu}\right)^{\frac{1}{2\mu-1}} B^{\frac{2\mu}{2\mu-1}} K^{\frac{1}{2\mu-1}}, \\ \Sigma_1'(y) &\simeq -1 + \frac{1}{2}\left(\frac{2B}{\mu}\right)^{\frac{\mu}{2\mu-1}} K^{\frac{1-\mu}{2\mu-1}}, \\ \Sigma_1''(y) &\simeq \frac{1-\mu}{2\mu K}. \end{aligned} \tag{9.56}$$

여기서 $B = (1-\mu)^{1/\mu}|\Gamma(1-1/\mu)|$이다. 그러면 클러스터 크기의 분산은 다음과 같다.

$$\bar{s} \simeq 1 - \left(\frac{2B}{\mu}\right)^{\frac{\mu}{2\mu-1}} K^{\frac{\mu}{2\mu-1}} + \left(\frac{2}{\mu}\right)^{\frac{1}{2\mu-1}} B^{\frac{2\mu}{2\mu-1}} K^{\frac{1}{2\mu-1}}$$

$$
\begin{aligned}
&+\frac{2\mu K}{2\mu-1}\left(1-\frac{1}{2}\left(\frac{2B}{\mu}\right)^{\frac{\mu}{2\mu-1}}K^{\frac{1-\mu}{2\mu-1}}\right)^2 \\
&\simeq 1+\frac{2\mu}{2\mu-1}K-\frac{4\mu-1}{2\mu-1}\left(\frac{2B}{\mu}\right)^{\frac{\mu}{2\mu-1}}K^{\frac{\mu}{2\mu-1}} \\
&+\frac{\mu^2}{2\mu-1}\left(\frac{2B}{\mu}\right)^{\frac{2\mu}{2\mu-1}}K^{\frac{1}{2\mu-1}}. \qquad (9.57)
\end{aligned}
$$

9.8 고리의 개수

노드당 고리의 수 $\ell \equiv \langle N_{\rm loop}\rangle/N$는 다음과 같이 $\Sigma_1(y)$의 함수로 나타낼 수 있다.

$$\ell = -F(y,0) = -1 + y - \frac{1}{4K}y^2 + \Sigma_1(y). \qquad (9.58)$$

여기서 y는 식 (9.46)의 해이다.

(I)과 (II)의 $K < K_c$의 영역과 (III)의 $K = 0$인 경우에는, y값이 영이 되고 $\Sigma_1(0) = 1$이다. 따라서

$$\ell = 0 \qquad (9.59)$$

이다. 한편, (I, II)의 $K > K_c$일 경우와 (III)의 $K > 0$인 경우에는 ℓ이 유한한 값을 가지며, y가 작을 때 $\Sigma_1(y)$의 값과 식 (9.49)를 이용하여 다음과 같은 고리 수를 구할 수 있다.

$$\ell \simeq \begin{cases} \frac{2}{3}\frac{(1-3\mu)^2}{(1-2\mu)^3}\Delta^3 & \text{(I)}, \\ \frac{1}{2}\left(\frac{\mu}{(1-2\mu)\Gamma\left(1-\frac{1}{\mu}\right)}\right)^{\frac{2\mu}{1-2\mu}}\Delta^{\frac{1}{1-2\mu}} & \text{(II)}, \\ \frac{2\mu-1}{4}\left(\frac{2(1-\mu)^{\frac{1}{\mu}}\left|\Gamma\left(1-\frac{1}{\mu}\right)\right|}{\mu}\right)^{\frac{2\mu}{2\mu-1}} K^{\frac{1}{2\mu-1}} & \text{(III)}. \end{cases} \tag{9.60}$$

마지막으로 이 평균 고리수로부터 평균 클러스터의 수를 다음 식을 이용하여 구할 수 있다. $\langle C\rangle/N = 1-K+\ell$.

9.9 s-크기 클러스터에 속할 확률과 거대 클러스터의 크기

어떤 한 노드가 s-크기의 클러스터에 속할 확률 $P(s)$은 그의 모함수 $\mathscr{P}(z)$로 구할 수 있다. 모함수 $\mathscr{P}(z)$는 다음의 관계식으로 구한다.

$$\begin{aligned} \mathscr{P}(z) &= m(1, h_0 = -\ln z), \\ z &= \frac{1-\frac{y}{2K}}{\sum_{i=1}^{N} p_i e^{-Np_i y}} = -\frac{1-\frac{y}{2K}}{\Sigma_1'(y)}, \\ \mathscr{P}(z) &= \frac{z}{N}\sum_{i=1}^{N} e^{-Np_i y} = z\Sigma_1(y). \end{aligned} \tag{9.61}$$

이로부터 $P(s)$는 $P(s) = (1/s!)(d^s/dz^s)\mathscr{P}(z)|_{z=0}$ 식을 이용하여 구하게 된다. 거대 클러스터의 크기는 다음 식을 이용하여 구한다.

$$\sum_{s\neq\langle S\rangle} P(s) = 1 - \frac{\langle S\rangle}{N}. \tag{9.62}$$

위의 식은 스핀 모델에서 자화율로부터 $m(1, h_0 \to 0) = \langle S \rangle / N$를 구할 수 있다. 이때 사용한 극한은 $h_0 \langle S \rangle \to \infty$이다. 그럼 이 양들에 대한 식을 유도해 보자.

(I) $\mu = 0$의 경우, 무작위(Erdős-Rényi) 네트워크

우선 $\mu = 0$인 Erdős-Rényi 모델에 대하여 구하여 보자. 이 경우 $p_i = 1/N$가 된다. 이 경우 $\mathscr{P}(z)$에 대한 식은, 식 (9.61)을 이용하여 다음과 같이 구할 수 있다.

$$\begin{aligned} z &= \left(1 - \frac{y}{2K}\right) e^y, \\ \mathscr{P}(z) &= z e^{-y}. \end{aligned} \tag{9.63}$$

위의 식에서 y를 z의 함수로 생각한다면 $y(z=0) = 2K$이 되고 $0 \le z < z_0 \equiv e^{2K-1}/2K$에서 $dy/dz < 0$이 된다. 또한, $\mathscr{P}(z)$ 함수는 $\mathscr{P}(z=0) = 0$이고 $0 < z < 1$에서 증가함수가 된다. 거대 클러스터의 크기는 $m = 1 - \mathscr{P}(1)$을 이용하여 구하게 된다. 이 결과 $m \simeq 2\Delta$을 얻게 된다. 여기서 $\Delta = K/K_c - 1$이다.

z_0 근처에서 $y(z)$ 함수는 $y(z) \simeq 2K - 1 + [4Ke^{1-2K}]^{1/2}(z_c - z)^{1/2}$과 같이 행동한다. 이것을 이용하여 $\mathscr{P}(z)$의 z_0 근처에서의 행동을 조사할 수 있는데, 다음과 같다.

$$\mathscr{P}(z) \simeq \frac{1}{2K} - \left(\frac{e^{1-2K}}{K}\right)^{\frac{1}{2}} (z_0 - z)^{\frac{1}{2}}. \tag{9.64}$$

$\mathscr{P}(z)$을 $z = 0$ 근처에서 미분하여 다음과 같은 방법에 의하여 $P(s)$를 구할 수 있다. s가 매우 큰 경우에 $P(s)$는 다음과 같이 행동한다.

$$
\begin{aligned}
P(s) &= \frac{1}{s!}\frac{d^s}{dz^s}\mathscr{P}(z)\bigg|_{z=0} \\
&\simeq -\left(\frac{e^{1-2K}}{K}\right)^{\frac{1}{2}} z_0^{-s+\frac{1}{2}} \frac{\Gamma\left(s-\frac{1}{2}\right)}{\Gamma(s+1)\Gamma\left(-\frac{1}{2}\right)} \\
&\simeq \left(\frac{e^{1-2K+\frac{1}{s_0}}}{4\pi K}\right)^{\frac{1}{2}} s^{-\frac{3}{2}} e^{-\frac{s}{s_0}}.
\end{aligned}
\tag{9.65}
$$

여기서 $\Gamma(-1/2) = -2\pi^{1/2}$의 성질을 사용하였고, $s_0 \equiv 1/\ln z_0$이다. $z_0 = 1$로 접근하면 $s_0 \to \infty$이 된다는 것을 알 수 있다. 임계점 근처 K_c에서 $P(s) \sim s^{-3/2}$이 된다. $|\Delta| \ll 1$의 경우에 s_0는 $2/\Delta^2$과 같이 행동한다. 따라서 $\sigma = 1/2$이다.

유한한 계에서는 거대 클러스터의 크기는 계의 크기 N에 의존하게 된다. 식 (9.65)를 식 (9.62)에 대입하여 임계점에서는 $\langle S\rangle \sim \mathscr{O}(N^{2/3})$이 됨을 구할 수 있다. 임계점에서 벗어난 경우에서도 이와 같은 방법에 의하여 다음과 같은 결과를 얻게 된다.

$$
\langle S\rangle \sim \begin{cases} \frac{1}{\Delta^2} & (\Delta N^{\frac{1}{3}} \ll -1), \\ N^{\frac{2}{3}} & (|\Delta N^{\frac{1}{3}}| \ll 1), \\ N\Delta & (\Delta N^{\frac{1}{3}} \gg 1. \end{cases}
\tag{9.66}
$$

(II) $0 < \mu < 1/3$의 경우

이 경우에 $\Sigma_1(y)$ 함수가 특이성(singularity)을 갖는 항을 갖게 된다. 이 특이성을 지니는 항이 $\mathscr{P}(z)$의 행동을 결정하게 된다.

식 (8.36)을 이용하여 식 (9.61)을 y에 대하여 전개하면 다음을 얻을 수 있다.

$$z=\sum_{n=0}^{\infty}a_n y^n. \tag{9.67}$$

여기서 처음 몇 항의 계수는 다음과 같다.

$$\begin{aligned} a_0 &= 1, \\ a_1 &= \frac{1}{2K_c}-\frac{1}{2K}=\frac{\Delta}{2K}, \\ a_2 &= -\left[\frac{1}{2}(1-\mu)^3 N^{3\mu-1}\zeta_N(3\mu)-\frac{\Delta}{4KK_c}\right]. \end{aligned} \tag{9.68}$$

여기서 임계점 $K_c(N)$은 다음과 같이 주어진다.

$$K_c(N)=\frac{1}{2(1-\mu)^2 N^{2\mu-1}\zeta_N(2\mu)}. \tag{9.69}$$

$0 \le \mu < 1/2$의, 식 (9.67)에서 $z = 1$를 만족시키는 y의 해는 0이었다. 그러므로 $a_1 < 0$인 경우에 $\mathscr{P}(1) = 1$이고 $a_1 > 0$인 경우에 y는 양의 값을 가지며 $\mathscr{P}(1) < 1$을 만족한다. 그러므로 $K_c(N)$는 스미기 전이의 임계점에 해당된다. 그러나 $1/2 < \mu < 1$의 경우에는 $K_c(N)=\mathscr{O}(N^{-(2\mu-1)})$이며 $z=1$를 만족시키는 y의 해는 $K > K_c(N)$에 대하여 $y \sim N^{-\mu}\Delta$이다. 이 해의 결과 열역학 극한에서는 $y=0$가 해가 된다.

유한한 계에서 $y \gg N^{-\mu}/(1-\mu)$인 경우에는 식 (8.40)을 사용하여

$$z=1-\frac{y}{2K}+\sum_{n=1}^{\lfloor \frac{1}{\mu}-1 \rfloor} a'_n y^n + Ay^{\frac{1}{\mu}-1}+\cdots \tag{9.70}$$

을 얻는데, 여기서 $a_1' = 1/(2K_c)$이며 $n \geq 2$인 경우에는 $a_n' = a_n$가 되며, $A = \Gamma(2 - 1/\mu)(1-\mu)^{1/\mu - 1}$이다.

$0 < \mu < 1/3$일 경우에는 $K > K_c = \mathscr{O}(1)$에서는 $m = 1 - \mathscr{P}(1)$가 영이 아닌 유한한 값을 가진다. 이 영역에서 $y(z)$의 주도적인 특이적 항은 z 값에 의존하게 된다.

$1 - s_m^{-1} \ll z < z_0 = 1 + s_0^{-1}$일 경우, 여기서 s_0와 s_m은

$$\begin{aligned} s_0 &\equiv \frac{16K^2|a_2|}{\Delta^2}, \\ s_m &\equiv \frac{2K(1-\mu)^2 N^{2\mu}}{2K|a_2| - \Delta(1-\mu)N^\mu} \quad \left(\Delta < \frac{4K|a_2|}{(1-\mu)N^\mu}\right) \end{aligned} \tag{9.71}$$

이며, 함수 $y(z)$ 식 (9.67)로부터 다음과 같이 쓸 수 있다.

$$y(z) \simeq \frac{\Delta}{4K|a_2|} + \frac{(z_0 - z)^{\frac{1}{2}}}{|a_2|^{\frac{1}{2}}}. \tag{9.72}$$

여기서 $z \gg 1 - s_m^{-1}$일 때 $y(z)$는 $y(z) \ll N^{-\mu}/(1-\mu)$의 관계식을 만족한다. 다음으로 $z \ll 1 - s_m^{-1}$에서 $y(z)$는 식 (9.70)으로 다음과 같은 전개식을 얻는다.

$$y(z) \simeq \frac{\Delta}{4K|a_2|} + |a_2|^{-\frac{1}{2}} \left[z_0 - z + \cdots + A\left(\frac{\Delta}{4K|a_2|} + \frac{(z_0 - z)^{\frac{1}{2}}}{|a_2|^{\frac{1}{2}}}\right)^{\frac{1}{\mu} - 1} \right]^{\frac{1}{2}}. \tag{9.73}$$

이 식은 $\Delta < 0$과 $1 - s_0^{-1} \ll z \ll 1 - s_m^{-1}$의 영역을 제외하고는 위의

식 (9.72)에서처럼 지수 1/2를 갖는 특이성을 갖는다. $y(z)$는 다음과 같은 식으로 주어진다.

$$y(z) \simeq \frac{2K}{|\Delta|}(1-z) + \cdots + A\left(\frac{2K}{|\Delta|}\right)^{\frac{1}{\mu}}(1-z)^{\frac{1}{\mu}-1} + \cdots. \tag{9.74}$$

$s_0 \ll s_m$일 때 이러한 z 값이 존재할 수 있다.

이러한 $y(z)$에서의 특이성에 따라 확률 $P(s)$를 구할 수 있다. $\Delta \ll -N^{-\mu}$의 경우에 $s_0 \ll s_m$이 되고 이때

$$P(s) \sim \begin{cases} s^{-\frac{3}{2}}e^{-\frac{s}{s_0}} & (1 \ll s \ll s_0), \\ (|\Delta|s)^{-\frac{1}{\mu}} & (s_0 \ll s \ll s_m), \\ s^{-\frac{3}{2}}e^{-\frac{s}{s_0}} & (s \gg s_m). \end{cases} \tag{9.75}$$

한편, $\Delta \gg -N^{-\mu}$일 경우에 $P(s)$는 다음과 같이 주어진다.

$$P(s) \simeq s^{-\frac{3}{2}}e^{-\frac{s}{s_0}}. \tag{9.76}$$

거대 클러스터의 크기는 다음과 같이 행동한다.

$$\langle S \rangle \sim \begin{cases} \frac{N^{\mu}}{|\Delta|} & (\Delta \ll -N^{-\mu}), \\ \frac{1}{|\Delta|^2} & (-N^{-\mu} \ll \Delta \ll -N^{-\frac{1}{3}}), \\ N^{\frac{2}{3}} & (|\Delta N^{\frac{1}{3}}| \ll 1), \\ N\Delta & (\Delta N^{\frac{1}{3}} \gg 1). \end{cases} \tag{9.77}$$

(III) $1/3 < \mu < 1/2$

이 영역에서도 식 (9.67)과 (9.70)은 성립한다. 그러나 이 영역에서는 식 (9.70)에서 $y^{1/\mu-1}$ 항이 y 다음의 특이성을 주는 항이 되고 이 항이 $\mathscr{P}(z)$의 특이성을 결정하게 된다.

그럼 $y(z)$의 특이성을 조사하여 보자. $\Delta > 0$의 영역에서 $1-s_c^{-1} \ll z \ll 1-s_m^{-1}$인 경우를 생각해 보자. 여기서

$$s_c \equiv \frac{1-\mu}{1-2\mu}\left(|A|\frac{1-\mu}{\mu}\right)^{\frac{\mu}{1-2\mu}} |\Delta|^{-\frac{1-\mu}{1-2\mu}} \tag{9.78}$$

이다. 이때 $y(z)$는 다음과 같다.

$$\begin{aligned} y(z) \simeq & \left(\frac{\mu\Delta}{2K|A|(1-\mu)}\right)^{\frac{\mu}{1-2\mu}} \\ & + \left[\frac{2\mu}{1-2\mu}\left(\frac{\Delta}{2K}\right)^{\frac{3\mu-1}{1-2\mu}}\left(|A|\frac{1-\mu}{\mu}\right)^{-\frac{\mu}{1-2\mu}}\right]^{\frac{1}{2}}(z_c-z)^{\frac{1}{2}} \\ & + \cdots . \end{aligned} \tag{9.79}$$

여기서 $z_c = 1 + s_c^{-1}$.

$\Delta < 0$인 경우에 $1-s_c^{-1} \ll z \ll 1-s_m^{-1}$의 영역에서, $y(z)$는 다음과 같이 주어진다.

$$y(z) \simeq \frac{2K}{|\Delta|}(1-z) - |A|\left(\frac{2K}{|\Delta|}\right)^{\frac{1}{\mu}}(1-z)^{\frac{1}{\mu}-1} + \cdots . \tag{9.80}$$

또, z가 $z \ll 1-\max\{s_c^{-1}, s_m^{-1}\}$의 영역에 있는 경우에는 Δ의 부호에 관계없이, $y(z)$는 다음과 같은 특이성을 보인다.

$$y(z) \simeq \left(\frac{1-z}{|A|}\right)^{\frac{\mu}{1-\mu}} + \cdots. \tag{9.81}$$

그 결과 어느 한 노드가 s 크기의 클러스터에 속할 확률 $P(s)$는 s와 Δ에 의존하게 된다. (i) $\Delta \ll -N^{-(1-2\mu)}$일 경우에 $\mathscr{P}(z)$는 위의 식 (9.72), (9.80)과 (9.81)의 3가지 특이성을 z의 영역에 따라 가지며, 이때 $P(s)$는 다음과 같이 유도된다.

$$P(s) \simeq \begin{cases} s^{-\frac{1}{1-\mu}} & (1 \ll s \ll s_c), \\ (|\Delta| s)^{-\frac{1}{\mu}} & (s_c \ll s \ll s_m), \\ s^{-\frac{3}{2}} e^{-\frac{s}{s_0}} & (s \gg s_m). \end{cases} \tag{9.82}$$

(ii) $-N^{-(1-2\mu)} \ll \Delta \ll N^{-(1-2\mu)}$의 영역에서 $\mathscr{P}(z)$는 식 (9.72)와 (9.81)에 의해서 결정되고 이로부터 $P(s)$는 다음과 같이 결정된다.

$$P(s) \simeq \begin{cases} s^{-\frac{1}{1-\mu}} & (1 \ll s \ll s_m), \\ s^{-\frac{3}{2}} e^{-\frac{s}{s_0}} & (s \gg s_m). \end{cases} \tag{9.83}$$

(iii) $\Delta \gg N^{-(1-2\mu)}$의 영역에서는 식 (9.79)와 (9.81)을 이용하여 $P(s)$을 구할 수 있다.

$$P(s) \simeq \begin{cases} s^{-\frac{1}{1-\mu}} & (1 \ll s \ll s_c), \\ s^{-\frac{3}{2}} e^{-\frac{s}{s_c}} & (s \gg s_c). \end{cases} \tag{9.84}$$

거대 클러스터 크기는 다음과 같이 주어진다.

$$\langle S\rangle \sim \begin{cases} \frac{N^{\mu}}{|\Delta|} & (\Delta N^{1-2\mu} \ll -1), \\ N^{1-\mu} & (|\Delta N^{1-2\mu}| \ll 1), \\ N\Delta^{\frac{\mu}{1-2\mu}} & (\Delta N^{1-2\mu} \gg 1). \end{cases} \tag{9.85}$$

(IV) $1/2 < \mu < 1$

이 영역에서는 $K_c(N)$이 식 (9.69)에서 주어진 경우처럼 $\mathcal{O}(N^{-(2\mu-1)})$이 된다. 이 경우에 유한한 시스템에서 나타나는 임계점과 확률 $P(s)$와 거대 클러스터의 크기 등을 조사해 보자.

이미 $0 < \mu < 1/2$의 경우에서 사용한 바와 같이 $1 - s_m^{-1} \ll z \ll 1 + s_0^{-1}$의 영역에서는 $y(z)$는 식 (9.72)와 같이 주어진다. 식 (9.70)은 $z \ll 1 - s_m^{-1}$의 경우에 해당된다. 또한, $1 - s_c^{-1} \ll z \ll 1 - s_m^{-1}$에서는

$$s_c \equiv \frac{1-\mu}{2\mu-1}\left(A\frac{1-\mu}{\mu}\right)^{-\frac{\mu}{2\mu-1}} K^{-\frac{1-\mu}{2\mu-1}} \tag{9.86}$$

이 존재하며, $y(z)$는 다음과 같이 주어진다.

$$y(z) \simeq \left(2KA\frac{1-\mu}{\mu}\right)^{\frac{\mu}{2\mu-1}} + \left[\frac{2\mu}{2\mu-1}(2K)^{\frac{3\mu-1}{2\mu-1}}\left(A\frac{1-\mu}{\mu}\right)^{\frac{\mu}{2\mu-1}}\right]^{\frac{1}{2}}(z_c - z)^{\frac{1}{2}} + \cdots. \tag{9.87}$$

여기서 $z_c = 1 + s_c^{-1}$이다. 또, $z \ll 1 - \max\{s_c^{-1}, s_m^{-1}\}$의 영역에서 $y(z)$는 다음과 같이 주어진다.

$$y(z) \simeq 2K(1-z) + A(2K)^{\frac{1}{\mu}}(1-z)^{\frac{1}{\mu}-1} + \cdots . \qquad (9.88)$$

$K \lesssim K_c(N)$에서는 모함수 $\mathscr{P}(z)$는 식 (9.72)와 (9.88)을 사용하여 한 노드가 s 사이즈의 클러스터에 속할 확률 $P(s)$을 다음과 같이 구할 수 있다.

$$P(s) \simeq \begin{cases} \left(\frac{s}{K}\right)^{-\frac{1}{\mu}} & (1 \ll s \ll s_m), \\ N^{-\frac{3\mu-1}{2}} s^{-\frac{3}{2}} e^{-\frac{s}{s_0}} & (s \gg s_m). \end{cases} \qquad (9.89)$$

여기서 앞의 인자(factor) $N^{-(3\mu-1)/2}$는 $|a_2|^{-1/2}$에서 얻어진다. 식 (9.89)는 $s_m < s_c$의 경우에 맞는다.

$K \gg K_c(N)$에서는 식 (9.72)에 의해 구하게 되는 z가 없어진다. $\mathscr{P}(z)$는 식 (9.87)과 (9.88)을 이용하여 구할 수 있다. 결과적으로 구해진 $P(s)$는 다음과 같다.

$$P(s) \simeq \begin{cases} \left(\frac{s}{K}\right)^{-\frac{1}{\mu}} & (1 \ll s \ll s_c), \\ K^{\frac{3\mu-1}{2(2\mu-1)}} s^{-\frac{3}{2}} e^{-\frac{s}{s_c}} & (s \gg s_c). \end{cases} \qquad (9.90)$$

거대 클러스터의 크기는 $K_c(N)$까지는 s_m이다가, $K \gg K_c(N)$에서는 식 (9.49)에 의해 mN으로 주어진다.

$$\langle S \rangle \sim \begin{cases} KN^{\mu} & (K \lesssim K_c(N)), \\ NK^{\frac{\mu}{2\mu-1}} & (K_c(N) \ll K \ll 1). \end{cases} \qquad (9.91)$$

9.10 갈래치기 방법을 이용한 클러스터 크기 분포 유도

임계값 L_c 에서는 앞서 소개한 바와 같이 $p(s) \sim s^{-\tau}$ 이며 이로부터 $p(s)$의 모함수 $\mathscr{P}(z) = \sum_s p(s) z^s$는 특이성(singularity)을 갖게 된다.

$$\mathscr{P}(z) \sim b_1 + b_2(1-z)^{\tau-1} + \text{analytical terms.} \tag{9.92}$$

여기서 b_1과 b_2는 상수이다. 역으로 $p(s)$는 $\mathscr{P}(z)$를 알면 구할 수 있는데, $\mathscr{P}(z)$는 갈래치기 과정 방법을 이용하여 구할 수 있다. 이를 위해 $r(s)$이라는 양을 소개하자. 이 양은 s-크기의 송이가 매달려 있는 연결선의 수를 $2L$로 나눈 것이 된다. s-크기의 송이가 만들어지기 위해서는 어떤 한 노드 i에 $s-1$ 크기의 송이가 매달려 있으면 된다. 만약 노드 i의 연결선의 수 k_i가 1인 경우에는 $s-1$의 크기의 송이가 매달려 있으면 되고, 2인 경우, 두 개의 연결선에 매달려 있는 송이의 크기의 합이 $s-1$이면 된다. 이와 같은 것을 일반화하여 다음과 같은 식이 성립된다.

$$\begin{aligned} p(s) = {} & P_{\mathrm{d}}(0)\delta_{s,1} \\ & + \sum_{k=1}^{\infty} P_{\mathrm{d}}(k) \sum_{s_1=1}^{\infty}\sum_{s_2=1}^{\infty}\cdots\sum_{s_k=1}^{\infty}\prod_{i=1}^{k} r(s_i)\,\delta_{\sum_{i=1}^{k} s_i,\, s-1}. \end{aligned} \tag{9.93}$$

위 식을 간단히 하기 위해 $r(s)$의 모함수를 정의하자. $\mathscr{R}(z) = \sum_s r(s) z^s$. 식 (9.93)에 모함수를 입히면,

$$\mathscr{P}(z) = z\, g(\mathscr{R}(z)) \tag{9.94}$$

이 성립되고, 여기서 $g(\omega) = \sum_{k=0}^{\infty} P_{\mathrm{d}}(k)\omega^k$ 이다. 또한 이로부터,

$$\mathscr{R}(z) = zf(\mathscr{R}(z)) \tag{9.95}$$

이 성립된다. 여기서 $f(\omega) = g'(\omega)/\langle k \rangle$. 스태틱 모형에 대한 $P_d(k)$는 식 (6.18)로 알려져 있기 때문에 이것을 이용하면, $g(\omega)$를 구할 수 있다. 그 결과는 $1-\omega \ll 1$의 극한에서, $g(\omega) \simeq (1/N)\sum_{i=1}^{N} \exp[\langle k_i \rangle(\omega - 1)]$이며, 따라서 $\langle k_1 \rangle(1-\omega) \leq 1$의 경우에 $z = \omega + \sum_{n=1}^{\infty} a_n(1-\omega)^n$이다. 여기서 $a_1 = f'(1)$이며 a_2는 음의 상수이다. 한편 $\langle k_1 \rangle(1-\omega) \gg 1$인 경우에는

$$z = \omega + \sum_{n=1}^{\lfloor \gamma-2 \rfloor} a_n(1-\omega)^n + A(1-\omega)^{\gamma-2} + \cdots \tag{9.96}$$

인데 여기서 $\lfloor x \rfloor$는 floor 함수, 즉 $\lfloor x \rfloor$는 x를 넘지 않는 가장 큰 정수이며, $A = \Gamma(3-\gamma)[\langle k_1 \rangle / N^{1/(\gamma-1)}]^{\gamma-2}$이다. 모함수 $\omega = \mathscr{R}(z)$는 $z = \omega/f(\omega)$의 역함수이며, $\mathscr{P}(z)$는 식 (9.94)를 이용하여 구할 수 있다.

모함수 $\mathscr{P}(z)$의 임계점(critical point)은 $f'(1) = 1$의 조건으로부터 구할 수 있는데, 이것은 Molloy 등이[88] 사용한 임계점의 조건식, $\langle k^2 \rangle / \langle k \rangle = 2$와 같다. 이 임계점으로부터 연결선수의 임계값 L_c를 구할 수 있다.

$$L_c = \frac{1}{2} \frac{\zeta_N[1/(\gamma-1)]^2}{\zeta_N[2/(\gamma-1)]}. \tag{9.97}$$

여기서 $\zeta_N(x) = \sum_{i=1}^{N} i^{-x}$이다. L_c는 γ에 의존한다. 두 가지의 경우로 분류할 수 있는데, (i) $\gamma > 3$와 (ii) $2 < \gamma < 3$인 경우이다. N이 매우 큰 극한에서 L_c는 $\gamma > 3$인 경우 $L_c \sim N$이고, $2 < \gamma < 3$인 경우에는

$L_c \sim N^{2(\gamma-2)/(\gamma-1)}$이다. 따라서 L_c/N은 열역학 극한에서, 즉 $N \to \infty$의 극한에서, (i)인 경우에는 유한한 값을 갖지만 (ii)인 경우에는 0이 된다. 흥미로운 것은 N이 유한한 경우에 $L > L_c(N)$에서 여과송이가 생기는 것이 통상적인데 (i)의 경우에는 가장 큰 송이의 크기가 $\mathcal{O}(N)$ 되지만, (ii)의 경우에는 비정상적인 현상이 벌어져 가장 큰 송이의 크기가 $\mathcal{O}(N^{(\gamma-2)/(\gamma-1)})$가 되어서 전체를 연결하지 못하게 된다.

유한한 송이들의 평균크기 $\langle s \rangle$를 생각해 보자. 여기서 '유한'하다는 의미는 여과송이를 제외한다는 의미이다. 엄밀히 말하면 $L < L_c$인 경우에는 여과송이가 존재하지 않기 때문에 $\langle s \rangle = \sum_s s\,p(s)$이고 여기서 $\sum_s$는 모든 송이들에 대한 합이다. L이 커짐에 따라, 송이의 평균크기는 점점 커지기 때문에 $\langle s \rangle$는 증가하게 된다. 한편 $L > L_c$인 경우에는 여과송이가 존재하기 때문에 $\sum_s$는 여과송이 즉 가장 크기가 큰 송이를 제외한다. 그런데 이 영역에서는 L이 커지면서 노드들이 여과송이에 참여할 확률이 점점 커지지 때문에 여과송이를 합에서 제외하면 $\langle s \rangle$는 L이 커지면서 감소하게 된다. 따라서 $\langle s \rangle$은 $L = L_c$에서 봉우리 모양을 이루게 되는데 $N \to \infty$가 되면서 이 봉우리의 높이는 발산하게 된다. 이러한 현상은 유클리디안 공간에서 여과전이에서 일어나는 전형적인 성질이다. 그러나 척도 없는 네트워크에서의 여과전이 현상에서는 $\gamma > 3$인 경우에는 봉우리가 L_c에서 한 개 만들어지고 열역학 극한에서 발산하는 성질이 있지만 $2 < \gamma < 3$인 경우에는 봉우리가 L_c 외에도 $L > L_c$에서 하나가 더 생기는데 이 봉우리는 발산하지는 않는다. 따라서 $2 < \gamma < 3$의 척도 없는 네트워크에서의 여과전이 현상은 정상적인 여과전이 현상과는 많은 차이가 있다. 자세한 내용은 최근 논문 [117]을 참고하기 바란다.

제 **10** 장

복잡계 네트워크의 견고성 및 연쇄적 파멸 현상

제 10 장 복잡계 네트워크의 견고성 및 연쇄적 파멸 현상

10.1 복잡계 네트워크의 견고성

척도 없는 네트워크의 특징 중 하나는 허브가 존재한다는 것이다. 허브의 존재로 인하여 네트워크의 견고성에 많은 변화가 있다. 견고성을 측정하는 양으로 두 노드 간의 평균 거리, 즉 지름을 생각하자. Jeong과 공동연구자는 두 가지 방법을 통해 지름이 어떻게 변하는가를 살펴보았다[118]. (i) 노드를 하나씩 무작위하게 선택하여 제거하면서 지름이 어떻게 변하는가를 측정하였다. (ii) 노드들 중에 가장 연결선수가 많은 노드 순으로 차례로 제거하면서 지름이 어떻게 변하는가에 대하여 연구하였다. (i)과 (ii)의 각각의 경우를 척도 없는 네트워크와 무작위 네트워크에 대하여 수행하여 비교하였다. 정과 그의 공동연구자가 얻은 연구 결과는 (i)의 경우에는 척도 없는 네트워크가 무작위 네트워크에 비하여 견고하지만, (ii)의 경우에는 척도 없는 네트워크가 매우 취약하여 의도적으로 외부에서 허브를 공격할 경우에 척도 없는 네트워크는 매우 취약한 반면, 무작위적인 에러에 대하여는 매우 견고한 면을 보여주었다. 이에 대한 해석적 연구는 갈래치기 과정 방법을 이용하여 연구되었다[113, 119, 114]. 이러한 성질로부터 이해할 수 있는 것은 신진대사 반응 네트워크에서나 단백질 상호작용 네트워크 등에서 링크 수가 많은 노드들을 제거하는 경우 세포, 즉 생명체는 매우 심각한

타격을 받을 수 있다는 것이다. 이러한 성질을 이용하여 암세포 등의 신진대사 반응 네트워크의 허브를 제거함으로써 암세포를 사멸시킬 수 있는 방법을 생각해 볼 수 있다. 좀 더 구체적인 예로는 최근 E. Coli 박테리아의 신진대사 반응 네트워크에서 치명적 반응을 차단하여 생물 영양분이 만들어지지 못하도록 하는 연구를 들 수 있다.

10.2 연쇄적 파멸 현상

척도 없는 네트워크가 의도적인 공격에 매우 취약한 성질이 있는데 그것보다 더욱 심각한 피해는 도미노 현상에 의한 피해라고 할 수 있다. 척도 없는 네트워크에서는 두 노드 간의 거리가 매우 좁기 때문에 한 노드의 피해는 다른 노드에 곧바로 영향을 끼친다. 따라서 도미노 현상이 유클리디안 네트워크에서보다 복잡계 네트워크에서 훨씬 더 잘 일어날 수 있다. 예를 들어 2003년 8월 미국 동북부에서 일어난 전력망의 연쇄 정전 사태가 좋은 예라 할 수 있다[120, 121]. 전력망은 엄밀히 말하면 척도 없는 네트워크가 아니다. 연결선수의 분포함수를 조사해 보면 지수(exponential)함수에 따른다는 것이 알려졌다. 그러나 척도 없는 네트워크처럼 노드들 간의 연결이 매우 긴밀하다. 전력망에서는 전력 수급을 효율적으로 수행하기 위해 한 지역에서 전력이 부족한 경우에는 이웃에 있는 전력을 끌어와 쓰도록 설계되어 있다. 지난번 미국의 정전 사태는 이와 같은 복잡계 네트워크의 긴밀한 연결성 때문에 한 곳의 정전 사태가 동북부 전체의 정전사태로 짧은 시간 안에 파급되었다고 할 수 있다. 복잡계 네트워크에서의 연쇄적 파멸현상은 왓츠의 논문[122]에서 강조되었다.

우선 척도 없는 네트워크에 적용하는 fiber bundle model을 살펴보자[123]. 이 모델에서는 네트워크 전체에 외부로부터 일정한 부하가 걸려 있다고 생각한다. 이 네트워크에는 극한 값이 존재하여 이 극한 값 이상의 부하가 걸리게 되면 네트워크가 붕괴되는 현상이 벌어지게 되는데, 이 극한 값은 네트워크의 구조와 각 노드들이 부하를 견딜 수 있는 정도, 즉 용량(capacity)에 따라 달라지게 된다. 이 모델의 중요성은 유클리디안의 경우에서도 살펴본 바와 같이 하나의 노드가 끊어졌을 때 그 부하가 다른 노드들에게 전이되어 연쇄적인 붕괴현상을 초래하게 된다는 데 있다.

Motter와 Lai가 소개한 overload breakdown에 대한 모형을 소개해 보기로 하겠다[124]. 척도 없는 네트워크에서 각 노드에 부하(load)를 먼저 계산하고, i라는 노드에 걸리는 부하를 b_i로 표시한다. i 노드에서 부하를 견딜 수 있는 용량을 C_i라고 표시하고, $C_i = \alpha b_i$의 크기만큼 부여되어 있다고 하자. 여기서 $\alpha > 1$이다. 따라서 정상적인 상태에서 이 네트워크는 안정된 상태를 유지하게 된다. 그러나 인위적으로 어떤 하나의 노드 j를 제거시켰을 때, 그 노드에 걸려 있던 부하가 주변 노드들로 전달되어 시스템은 불안정하게 된다. 노드 j를 제거시켜 놓고 다시 부하를 측정하고 각 노드의 용량보다 부하가 많이 걸리는 노드들은 제거하고, 이러한 방법으로 시뮬레이션을 반복하면 과부하된 노드들이 연쇄적으로 파급됨을 알 수 있다. 더 이상 과부하가 걸린 노드들이 없을 때까지 이러한 과정을 반복하여 시스템에 어느 비율로 노드들이 남아 있는지를 살펴보면, 모델의 매개변수인 α값에 의존함을 알 수 있다. α가 1 근처인 경우에는 하나의 임의의 노드를 제거하여도 시스템 전체에 과부하가 걸리지만, α가 큰 경우에는 노드 하나가 제거되어도 다른 노드들에는 별로 영향을 미치지 않는다. 또 처음 제거되는 노드 j의 도수에도 상당히 영향을 받는다. 도수가 큰 노드들은 자연히 부하가 많이 걸리고, 그 부하가 다른 노드들에게 전이되므로, 당연한

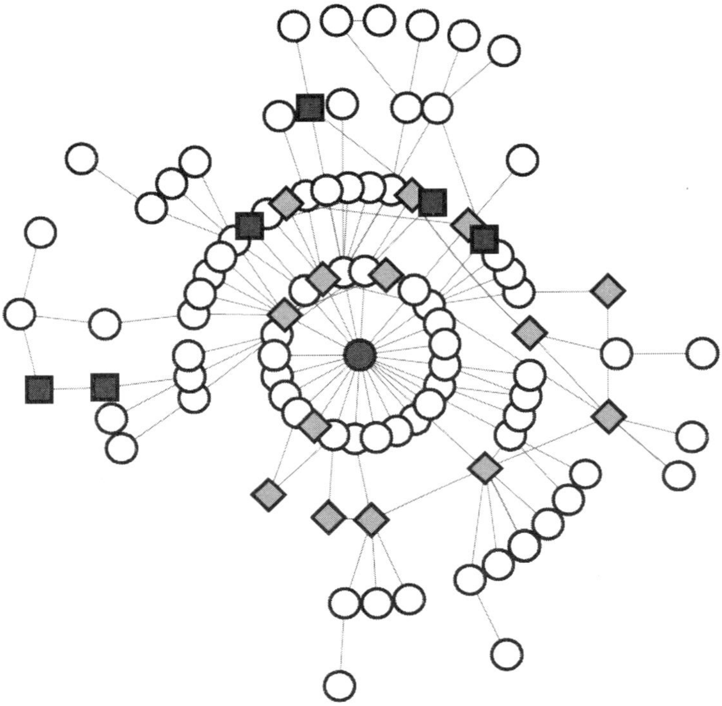

그림 10.1　척도 없는 네트워크에서 사태 현상 전파과정에 대한 간략도: 매개변수 α가 임계점 $\alpha_c = 0.15$인 경우임. 중앙에 위치한 노드가 제거되었을 때 사태 현상은 국지적으로 일어나는 것이 아니라, 순서적으로 ○, ◇, □로 표시된 노드들에서 파멸 현상이 일어나게 전체로 퍼져나간다.

결과이다.

시스템에 존재하는 모든 노드들에 대하여 각 노드를 제거하면서 파생되는 과부하가 걸린 노드들의 수를 조사해 보자. 즉 노드 i를 제거

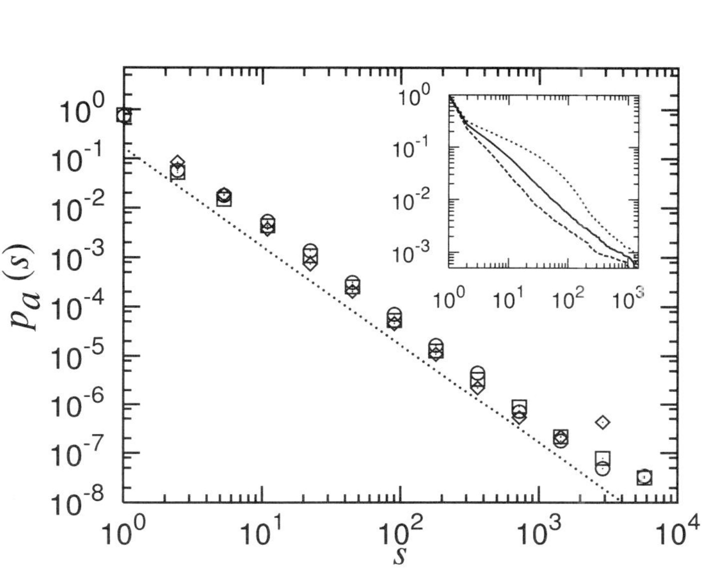

그림 10.2 임계점에서의 사태 크기 분포: i 번째 노드를 제거하였을 때 파괴되는 노드 수를 s_i라 할 때 모든 i에서 얻어지는 s_i들의 분포. ∘ ($\gamma = 3.0$), □ ($\gamma = 2.6$), ⋄ ($\gamma = 2.2$). 첨삭그림: 임계점(실선)에서의 $P_a(s)$과 임계점에서 벗어난 점에서의 축적된 $P_a(s)$. $\alpha = 0.11$(위), $\alpha_c = 0.15$(중간), $\alpha = 0.2$(아래).

하였을 때 과부하가 걸린 총 노드 수(이를 사태 크기라고 함)를 s_i라고 하고, 이의 분포함수를 $P_a(s)$라고 하자. 본 연구 그룹의 연구에 의하면 모형의 매개변수 α에 임계점이 존재하여 α_c에서는 $P_a(s) \sim s^{-\tau}$의 멱함수 법칙에 따르는 임계현상을 보임을 알 수 있었다[125](그림 10.2 참조). 이와 같은 연쇄적인 파국 현상을 방지하기 위하여 과부하가 걸리는 경우에는 인위적으로 네트워크의 주변에 존재하는 노드들을 제거하여 총 부하를 줄이는 방법이 제시되었다[126]. 이렇게 하면 그대로 두는 경우보다 제거되는 총 노드 수가 줄어들게 된다.

10.3 모래사태 모형

최근 복잡계 네트워크에서 일어나는 파국의 도미노 현상과 관련하여 본 연구그룹에서 Bak-Tang-Wiesenfeld(BTW) 모형을 척도 없는 네트워크에서 적용해 보는 시도가 있었다[127]. 이에 대한 소개를 하고자 한다. BTW 모형은 다음과 같이 정의된다. 우선 각 노드에 모래가 쌓이는 것을 생각해 보자. 노드 i에 쌓인 모래의 높이를 h_i라고 하고 이 높이가 사태 문턱 z_i에 도달하게 되면 불안정해져 모래는 무너지게 되어 옆의 노드로 옮겨진다고 생각하자. 사태 문턱 z_i는 임의로 잡을 수 있는데 우선 그 노드의 연결선수와 같다고 잡자. 즉 $z_i = k_i$이다. 구체적인 동역학적 과정은 다음과 같다.

i) 임의의 노드 i를 선택하여 그 노드에 모래를 하나 더한다. 모래의 높이는 $h_i \to h_i + 1$이 된다.
ii) 모래의 높이가 그 노드의 사태 문턱보다 크거나 같게 될 경우에는 즉 $h_i \geq z_i$인 경우 그 높이를 z_i만큼 줄여주고 즉 $h_i \to h_i - z_i$이 되고, z_i개의 모래는 k_i의 이웃 노드에게 하나씩 나누어주게 된다.
iii) 만약 노드 i의 이웃 노드 중의 하나인 노드 j가 i로부터 모래 알갱이를 받아 $h_j \geq z_j$가 되는 경우에는 이곳에서도 앞의 경우와 같이 높이를 z_j만큼 감소시키고 이웃 노드에게 나누어 주는 과정을 실행하게 된다. 이와 같은 일련의 동역학 과정 i)–iii)을 실행시켜 더 이상의 불안정한 노드가 없어지면 다시 임의의 노드를 선택하여 앞의 일련의 과정을 실현시킨다. 이러한 과정을 반복함에 따라 외부로부터 주입된 모래 알갱이의 수가 증가하게 되어서 모든 노드들의 높이가 문턱 높이 이상이 될 경우가 생길 수 있기 때문에 계의 둘레가 되는 도수가 1인 노드에서 일정한 비율로 모래 알갱이를 제거시켜 준다.

이 모형에서 관심을 갖게 되는 것은 외부로부터 모래가 주입되었을 때 연쇄적인 사태 과정을 통하여 불안정한 노드가 몇 개가 생기게 되는가 하는 것이다. 복잡계에서는 이러한 평균값보다는 분포함수가 더 의미가 있기 때문에 사태 크기에 대한 분포함수에 더 관심을 갖게 된다. 이 분포함수를 $P_{\mathrm{a}}(s)$라 표시하기로 하자. 여기서 s는 불안정하게 된 노드의 개수를 의미한다.

척도 없는 네트워크에서는 이러한 사태 크기 분포함수를 갈래치기 과정 방법(branching process approach)을 이용하여 구할 수 있다. 여기서 사태과정이 정말로 갈래치기 과정으로 전파되는지에 대한 우려가 있을 수 있다. 복잡계 네트워크 위에서 전파되는 사태 과정은 수치적으로 나무 구조를 가지고 있다고 확인할 수 있다. 하나의 사태 과정에 대하여 살펴보자. 어떤 한 노드 i가 k개의 가지를 칠 확률을 $q_{\mathrm{a}}(k)$라 하자. 여기서 k는 노드 i의 연결선수 k_i와 같다. $q_{\mathrm{a}}(k)$는 두 가지 요소로 구성된다. $q_{\mathrm{a}}(k) = q_1(k)q_2(k)$. 첫째로 $q_1(k)$는 노드 i가 k개의 이웃 노드로부터 모래 하나를 받을 확률을 의미한다. 둘째는 $q_2(k)$로 이웃으로부터 하나의 모래를 받아 노드의 높이가 문턱과 같아질 확률이다. 즉 노드 i의 높이가 $k-1$의 경우에 있을 확률이다. $q_1(k)$는 $q_1(k) = kP_{\mathrm{d}}(k)/\langle k\rangle$이며 $q_2(k) = 1/k$로 주어진다. 여기서 q_2는 임의의 노드가 어떤 높이든지 동일한 확률을 가지고 존재한다는 가정하에서 얻은 결과이고, 이 가정은 수치적으로 검증되었다. 따라서 k개의 갈래치기가 이루어질 확률은

$$q_a(k) = q_1(k)q_2(k) = \frac{P_d(k)}{\langle k \rangle} \quad \text{for} \quad k \geq 1 \tag{10.1}$$

로 주어지고 특별히 $k = 0$일 경우는 $q_a(0) = 1 - \sum_{k=1}^{\infty} q_a(k)$로 주어져서 $\sum_{k=0} q_a(k) = 1$를 만족시킨다.

갈래치기 과정을 통하여 크기가 s인 사태가 일어날 확률 $P_a(s)$는 $q_a(k)$로부터 다음과 같이 구할 수 있다[111, 112].

$$P_a(s) = q_a(0)\delta_{s,1} + \sum_{k=1}^{\infty} q_a(k) \sum_{s_1=1}^{\infty} \sum_{s_2=1}^{\infty} \cdots \sum_{s_k=1}^{\infty} \prod_{i=1}^{k} P_a(s_i) \delta_{\sum_{i=1}^{k} s_i, s-1}. \tag{10.2}$$

여기서 s_i는 위의 k개의 갈래 중에서 i번째 갈래에서 파생되어 생기는 사태의 크기를 의미한다. 그런데 사태의 합이 s이므로, $\sum_{i=1}^{k} s_i = s-1$이어야 한다. s가 아니라 $s-1$인 이유는 갈래치기를 시작하는 노드가 별도로 첫 번째 항에서 취급되었기 때문이다. 식 (10.2)로부터 $P_a(s)$를 구할 수 있는 방법은 모함수를 이용하는 것이다. 이를 위해 $P_a(s)$와 $q_a(k)$에 대한 모함수를 정의하자. $\mathscr{P}_a(y) = \sum_{s=1}^{\infty} P_a(s) y^s$와 $\mathscr{Q}_a(\omega) = \sum_{k=0}^{\infty} q_a(k)\omega^k$. 식 (10.2)에 모함수를 적용하면

$$\mathscr{P}_a(y) = y\, \mathscr{Q}_a(\mathscr{P}_a(y)). \tag{10.3}$$

여기에 $\omega = \mathscr{P}_a(y)$라고 놓으면 $y = \omega / \mathscr{Q}_a(\omega)$의 역함수가 된다. 식 (10.1)로부터 $\mathscr{Q}_a(\omega)$를 정확히 구한 후 식 (10.3)을 이용하여 $\mathscr{P}_a(y)$를 구할 수 있다. 그리고

$$P_a(s) = \frac{1}{s!} \frac{d^s \mathscr{P}_a(y)}{dy^s} \bigg|_{y=0} \tag{10.4}$$

을 이용해서 사태 크기 분포함수 $P_{\mathrm{a}}(s)$를 구할 수 있다.

갈래치기 과정에서 평균 갈래의 수 $c=\sum_k kq(k)$로 구할 수 있다. $c>1$이면 갈래의 수가 점점 증가한다는 의미이고 이를 supercritical 행동이라고 한다. $c<1$이면 갈래 수가 감소한다는 의미이고, 갈래치기가 반복함에 따라 가지의 수는 사라지게 된다. 이러한 현상을 subcritical 행동이라 한다. 이 두가지의 경계인 $c=1$의 경우에는 가지의 평균 개수가 일정하게 지속되는 경우를 의미하고 이를 critical 행동이라 한다.

$q(k)$가 다음과 같이 주어진 간단한 경우를 생각해 보자.

$$q_{\mathrm{a}}(k)=\begin{cases} 1-a & (k=0),\\ a & (k=2),\\ 0 & (\text{otherwise}). \end{cases} \tag{10.5}$$

모함수 $\mathscr{Q}(\omega)=1-a+a\omega^2$로 주어진다. $y=\omega/\mathscr{Q}_a(\omega)$를 이용하여

$$y=\frac{\omega}{1-a+a\omega^2}. \tag{10.6}$$

그 다음,

$$\omega=\mathscr{P}(y)=\frac{1-\sqrt{1-4a(1-a)y^2}}{2ay}. \tag{10.7}$$

다음과 같은 관계식을 이용하여

$$(1-x)^{\tau}=\sum_{n=0}^{\infty}\frac{1}{n!}\frac{(n-\tau-1)!}{(-\tau-1)!}x^n, \tag{10.8}$$

$$\mathscr{P}(y)=\sum_{n=1}^{\infty}\frac{1}{(-2a)(-3/2)!}\frac{(n-3/2)!}{n!}[4a(1-a)]^n y^{2n-1} \tag{10.9}$$

을 얻는다.

이 모함수로부터 사태 크기에 대한 여러 가지 성질을 유도할 수 있다. 우선 첫 번째 모멘트를 구해 보자.

$$\mathscr{P}(1) = \begin{cases} 1 & \text{for} \quad a \le \frac{1}{2}, \\ \frac{1-a}{a} & \text{for} \quad \frac{1}{2} < a < 1. \end{cases} \tag{10.10}$$

따라서 $a = 1/2$에서 $\mathscr{P}(1)$의 행동이 달라짐을 알 수 있다. 둘째, 평균 사태의 크기 $\langle s \rangle$는

$$\langle s \rangle = \frac{\mathscr{Q}(\mathscr{P}(1))}{1 - \mathscr{Q}'(\mathscr{P}(1))} = \begin{cases} \frac{1}{1-2a} = \frac{1}{2(a_c - a)} & (a \le a_c), \\ \frac{1-a}{2a-1}\frac{1}{a} = \frac{1-a}{2(a-a_c)}\frac{1}{a} & (a > a_c). \end{cases} \tag{10.11}$$

따라서 평균 사태 크기는 임계점일 때 발산한다는 것을 알 수 있다. 또 식 (10.9)로부터 s가 홀수일 때

$$\begin{aligned} p(s) &= \frac{1}{4a\sqrt{\pi}} \frac{\frac{s-2}{2}!}{\frac{s+1}{2}!} [4a(1-a)]^{(s+1)/2} \\ &\approx s^{-3/2} e^{-s/s_c} \end{aligned} \tag{10.12}$$

가 되며 $s_c = 2/|\log 4a(1-a)|$이고 $a \to a_c$ 임에 따라 발산하게 된다.

원래 문제로 돌아가 척도 없는 네트워크에서 일어나는 모래 사태 현상에 대하여 살펴보기로 하자. 연결선수가 멱함수 꼴, $P_{\mathrm{d}}(k) = k^{-\gamma}/\zeta(\gamma)$을 따른다고 하면, k개의 갈래치기를 할 확률은

$$q_{\mathrm{a}}(k) = \begin{cases} 1 - \frac{1}{\langle k \rangle} = 1 - \frac{\zeta(\gamma)}{\zeta(\gamma-1)} & (k=0), \\ \frac{P_{\mathrm{d}}(k)}{\langle k \rangle} = \frac{k^{-\gamma}}{\zeta(\gamma-1)} & (1 \le k \le k_{\max}) \end{cases} \tag{10.13}$$

로 주어진다. 따라서 이것의 모함수 $\mathcal{Q}_a(\omega) = \sum_{k=0}^{k_{\max}} q_{\mathrm{a}}(k)\omega^k$는 γ에 의존하는 특이성을 가지게 되고 다음과 같이 구해진다.

$$\begin{aligned} \mathcal{Q}(\omega) &= \sum_{k=0}^{k_{\max}} q_{\mathrm{a}}(k)\omega^k \\ &= \sum_{n=0}^{\infty} \frac{(-\epsilon)^n}{n!} \sum_{k=0}^{k_{\max}} q_{\mathrm{a}}(k) k^n \\ &= \sum_{n=0}^{[\gamma-1]} \frac{(-\epsilon)^n}{n!} \frac{\langle k^n \rangle}{\langle k \rangle} + \sum_{n=[\gamma]}^{\infty} \frac{(-\epsilon)^n}{n!} \frac{1}{\zeta(\gamma-1)} \sum_{k=1}^{k_{\max}} k^{n-\gamma} \\ &\equiv Q_r(\omega) + Q_s(\omega) \end{aligned} \tag{10.14}$$

위 식에서 $\omega = e^{-\epsilon}$이라고 놓았다. 여기서 Q_r과 Q_s는 정상적 부분(regular part)과 특이적 부분(singular part)으로 다음과 같이 정의된다.

$$Q_r(\omega) = \sum_{n=0}^{[\gamma-1]} \frac{(-\epsilon)^n}{n!} \frac{\langle k^n \rangle}{\langle k \rangle}, \tag{10.15}$$

$$Q_s(\omega) = \sum_{[\gamma]}^{\infty} \frac{(-\epsilon)^n}{n!} \frac{1}{\zeta(\gamma-1)} \sum_{k=1}^{k_{\max}} k^{n-\gamma}. \tag{10.16}$$

특이적 부분을 좀 더 자세히 살펴보면 다음과 같다.

$$
\begin{aligned}
Q_s(\omega) &= \sum_{n=[\gamma]}^{\infty} \frac{1}{\zeta(\gamma-1)} \frac{(-\epsilon)^n}{n!} \frac{k_{\max}^{n-\gamma+1}}{n-\gamma+1} \\
&= \frac{k_{\max}^{1-\gamma}}{\zeta(\gamma-1)} \sum_{n=[\gamma]}^{\infty} \frac{(-\epsilon k_{\max})^n}{n!(n-\gamma+1)}
\end{aligned}
\tag{10.17}
$$

여기서 합 부분을 따로 보면 다음과 같이 계산된다.

$$
\begin{aligned}
\sum_{n=[\gamma]}^{\infty} \frac{1}{n!} \frac{(-x)^n}{n-\gamma+1} &= (-x)^{\gamma-1} \int d(-x) \sum_{n=[\gamma]}^{\infty} \frac{1}{n!}(-x)^{n-\gamma} \\
&= x^{\gamma-1} \int_0^x dy y^{-\gamma} \left(e^{-y} - \sum_{n=0}^{[\gamma-1]} \frac{(-y)^n}{n!} \right) \\
&= x^{\gamma-1} \left[\int_0^\infty dy y^{-\gamma} \left(e^{-y} - \sum_{n=0}^{[\gamma-1]} \frac{(-y)^n}{n!} \right) \right. \\
&\quad \left. - \int_x^\infty dy y^{-\gamma} \left(e^{-y} - \sum_{n=0}^{[\gamma-1]} \frac{(-y)^n}{n!} \right) \right] \\
&= x^{\gamma-1} \left[\Gamma(1-\gamma) - \frac{1}{[\gamma-1]!}(-1)^{[\gamma-1]} \frac{x^{[\gamma]-\gamma}}{[\gamma]-\gamma} + \right] \\
&\approx x^{\gamma-1}\Gamma(1-\gamma) \quad \text{for} \quad x \to \infty.
\end{aligned}
\tag{10.18}
$$

$$
\mathcal{Q}_a(\omega) - \omega \simeq \begin{cases} A(\gamma)(1-\omega)^{\gamma-1} & (2 < \gamma < 3), \\ -(1/2\zeta(2))(1-\omega)^2 \ln(1-\omega) & (\gamma = 3), \\ (1/2)B(\gamma)(1-\omega)^2 & (\gamma > 3). \end{cases}
\tag{10.19}
$$

여기서 우리들은 가장 주된 항만을 고려하였다. 여기서 $A(\gamma) = \Gamma(1-\gamma)/\zeta(\gamma-1), B(\gamma) = [\zeta(\gamma-2)/\zeta(\gamma-1)]-1$이다. 다음으로는 식 (10.3) 으로부터 $\mathscr{P}_a(y)$를 구할 수 있고, 이로부터 사태 크기 분포함수 $P_{\mathrm{a}}(s)$를 구할 수 있다.

$$P_{\mathrm{a}}(s) \sim \begin{cases} a(\gamma)\, s^{-\gamma/(\gamma-1)} & (2<\gamma<3), \\ b s^{-3/2}(\ln s)^{-1/2} & (\gamma=3), \\ c(\gamma)\, s^{-3/2} & (\gamma>3). \end{cases} \tag{10.20}$$

여기서

$$\begin{aligned} a(\gamma) &= -A(\gamma)^{1/(1-\gamma)}/\Gamma[1/(1-\gamma)], \\ b &= \sqrt{\pi/6}, \\ c(\gamma) &= \sqrt{2/B(\gamma)}. \end{aligned} \tag{10.21}$$

이러한 해석적인 결과는 $z_i = k_i^{\eta}$ $(\eta < 1)$인 경우로 일반화될 수 있으며, 또한 모래를 뿌려주는 방법의 세부적 내용에는 무관함을 보일 수도 있다.

특히 복잡계 네트워크상에서 수송과정에서 일어나는 연쇄적 파국 현상에 대한 연구 또한 부분적으로 수행되었다[124, 128, 129, 130].

제 **11** 장

복잡계 네트워크에서의 수송 현상

제 11 장 복잡계 네트워크에서의 수송 현상

수송 현상에 대한 이해는 네트워크에서 중요한 문제이다. 네트워크에서의 수송 현상과 관련된 문제는 인터넷에서의 패킷 전달, 세포 내의 신호 전달, 사람들 사이의 정보 전달 등을 생각할 수 있으며, 특히 요즘 인터넷에서의 정보사냥이 정보산업의 핵심적인 역할을 하므로 이와 관련해 네트워크에서의 수송 현상을 연구하는 것은 매우 중요하다. 네트워크에서의 수송현상은 다공물질과 같은 무질서계에서 일어나는 단순한 확산 현상과는 달리, 주어진 네트워크 구조 안에서 가장 빠른 이동 방법에 관한 문제이다.

11.1 최단 경로 수송과 부하

예를 들어 A라는 사람이 B라는 사람에게 어떤 정보를 전달하려고 한다고 하자. A와 B 사이에 직접적인 안면이 없을 경우 가장 효율적인 방법은 A와 B를 연결하는 사회연결망 위에서 최단 경로를 통해 정보를 전달하는 것일 것이다. 이렇게 "의도된 수송"의 경우 일반적으로 "최단 경로 수송"을 생각할 수 있다. 여기서 최단 경로란 A에서 B까지를 연결하는 최소 링크 수를 갖는 길(path)로 정의한다. 물론 실제 상황에서는 문제가 그렇게 간단하지 않다. 사람 간의 관계에는 친밀도, 신용 등 여러 변수가 있고, 인터넷상의 정보 전달에도 링크의 대역폭 등을 고려할 때 최단 경로라는 개념이 적절하지 않은 경우도 있을 수 있다.

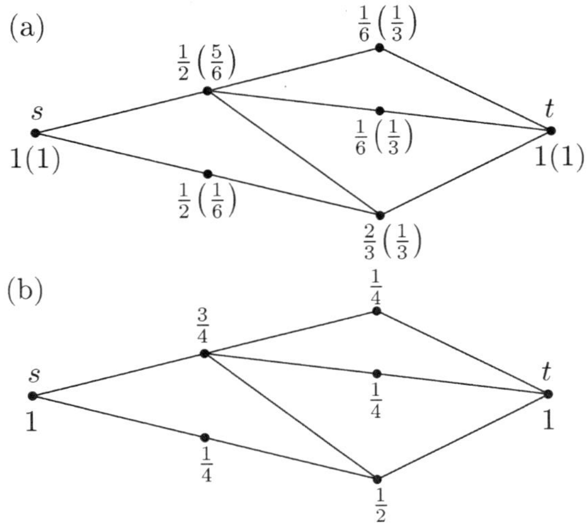

그림 11.1 부하(a)와 중앙성(b)의 정의를 설명하기 위한 예: (a) 그림에서, 노드 s에서 노드 t로 단위 패킷이 보내진다고 할 때, 여행을 하는 동안 각 노드에 걸리는 부하의 양 $\ell^{(s\to t)}$을 표시하였다. 괄호 안의 양은 $\ell^{(t\to s)}$을 표시한 것이다. 부하와 중앙성의 정의의 차이를 설명하기 위해 그림 (b)에서는 (a)와 같은 방법으로 각 노드에 $b^{(s,t)}$를 표시하였다. 중앙성은 $b^{(s,t)}$와 $b^{(t,s)}$이 같으므로 괄호 안의 표기는 생략하였다.

이러한 문제는 가중치 네트워크(weighted networks)에서의 수송 현상을 다룰 때 논의하기로 하고, 이 절에서는 가중치가 없는 네트워크에서 모든 노드들이 서로 정보를 주고받는 경우만을 생각하기로 하자.

모든 노드는 다른 모든 노드로 단위 시간당 한 단위의 정보를 전달하고, 이들의 모든 정보는 노드 간의 최단 경로를 통해 전달된다고 하자. 여기서 우리가 던지는 질문은 이러한 수송 과정에서 각각의 노드들이 얼마만큼의 역할을 할 것이냐, 또는 얼마나 많은 정보를 전달해야 하느냐 하는 것이다. 부하(load)라 부르는 이 양은 어떤 노드가 모든 노드 쌍 사이의 최단 거리에 얼마나 많이 참여하는가 하는 위상적인 (topological) 양으로 해석될 수도 있다[30]. 또한 부하는 사회학에서 이미 1970년대에 제안된 중앙성(betweenness centrality)과 밀접하게 관계된 양이다[31]. 구체적으로 살펴보면, 노드 s에서 t로 단위 데이터를 보내는 경우, 그림 11.1(a)에서 보는 바와 같이 두 노드 간의 최단 거리를 따라 보내진다고 하자. 데이터가 이동하면서 복수의 경로를 만날 때 각 경로마다 데이터가 똑같이 나뉘어 이동한다고 하면, 노드 k를 통해 지나간 데이터의 양 $\ell^{(k)}_{s \to t}$은 그림 11.1(a)에서 명시한 것과 같다. 이러한 정의에 의하면 데이터가 s에서 t로 보내지는 경우와 t에서 s로 보내지는 경우에 각 노드를 지나간 데이터의 양이 달라진다. 부하란 모든 노드에서 다른 노드로 단위 데이터를 최단거리를 통해 보낼 때 각 노드를 통해 지나간 데이터의 총합을 표시한 것이므로 $\ell_k = \sum_{s,t} \ell^{(k)}_{s \to t}$이 된다.

한편, 중앙성 값은 부하와는 약간 다르게 정의된다. 각 노드의 중앙성 값은 그림 11.1(b)에서 볼 수 있는 바와 같이 $s \to t$ 또는 $t \to s$로 가는 모든 최단 경로의 수(이 경우, 양쪽 방향에서의 값이 서로 같다.)에 대해, 노드 k를 지나가는 최단 경로의 수의 비율로 정의한다. 이를 데이터 전송의 입장에서 해석하면, 데이터가 더 이상 쪼개질 수 없는 단위로 이루어져 있다고 가정하고, $s \to t$의 최단 경로가 3개 존재한다고 할 때, $s \to t$로 9개의 단위 데이터를 보내면 각 경로를 통해 3개의 데이터가 지나간다는 의미이다. 임의의 한 노드에서 부하량과 중앙성 값은 위의 예처럼 같지 않을 것 같지만, 이 값들은 가능한 모든 노드 쌍에 대하여 정의되는 양이기 때문에 통계적으로 거의 같은 값을 갖고, 구별 없이 쓰이는 경우가 많다. 중앙성 값을 구하는 빠른 알고리즘이 개발되어서 학계에서 널리 사용되고 있다[131, 132].

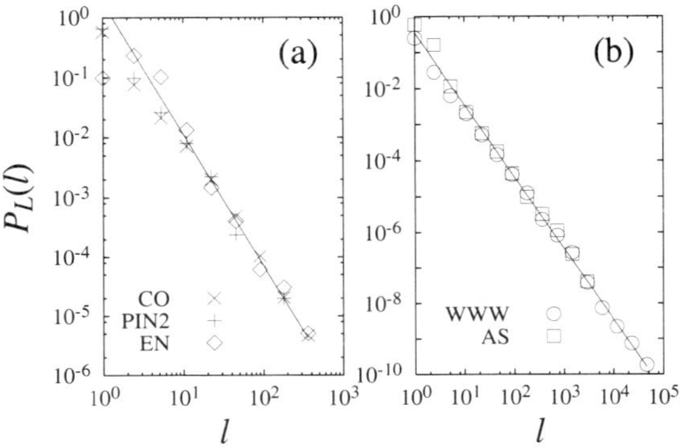

그림 11.2 실재하는 여러 네트워크에서 부하의 분포도: 공저자 네트워크, 단백질 상호작용 네트워크, 신진대사 반응 네트워크(a). 월드 와이드 웹과 인터넷 망(b). 모든 경우 부하의 분포는 멱함수 $P_{\mathrm{L}}(\ell) \sim \ell^{-\delta}$를 따르고 지수는 $\delta \approx 2.2(1)$(a)와 $\delta \approx 2.0$(b)이다.

병진 변환에 대하여 불변성을 갖는 유클리디안 공간의 균일 격자나 통계적 균일성을 갖는 무작위 네크워크와는 달리, 복잡계 네트워크에서는 노드 간의 연결선수가 불균일하기 때문에 각 노드의 부하에도 불균일성이 나타난다. 연결선수가 주어진 노드와 그 이웃 노드들만을 고려하는 국소적인 양임에 반해 부하는 네트워크의 전체적인 정보를 반영하는 양으로, 많은 경우 그 불균일성이 증폭되어 나타난다. 특히 척도 없는 네트워크의 경우 부하의 분포함수도 멱함수 법칙을 따른다는 것이 알려졌다[30]. 즉, $P_L(\ell) \sim \ell^{-\delta}$이다. 또한 실재하는 척도 없는 네트워크와 척도 없는 네트워크들 모형들에 대한 분석을 통해 부하의 분포함수의 지수가 연결선수 분포함수의 변화에 대해서 크게 변하지 않는다는 것을 알게 되었다(그림 11.2, 11.3 참조). 나아가 부하 분포 함수의 지수가 척도 없는 네트워크의 보편양(universal quantity)일 수

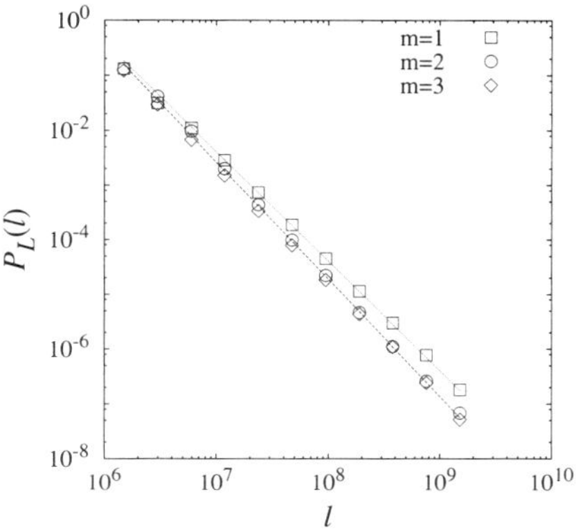

그림 11.3 바라바시-알버트 모형에 대한 부하의 분포도: 새로 등장한 노드에서 기존의 노드로 연결하는 링크 수 m이 $m = 1$인 경우 네트워크는 나뭇가지 구조를 가지며 $m \geq 2$인 경우는 고리구조를 가진다. $m = 1$인 경우 부하분포 함수의 지수는 $\delta = 2$이며 $m \geq 2$인 경우 $\delta \approx 2.2$로 측정된다.

있다는 추측까지 낳았으나, 이 문제는 아직 해석적인 뒷받침을 받지 못해 미해결의 상태로 남아 있다(그림 11.4 참조)[133, 134].

그러나 척도 없는 네트워크에 고리 구조가 없는 경우는 링크에 걸리는 부하의 분포 식을 해석적으로 구할 수 있다. 이 유도과정을 살펴보기로 하자[32]. 우선 BA 모형을 일반화한 모형으로 나뭇가지 구조의 네트워크를 만든다고 하자. 매 시각 하나의 노드가 계에 들어오고 새로 들어온 노드는 기존에 있는 노드와 한 개의 링크로 연결되는데, 이때 연결 대상이 되는 노드 i는 $(k_i + a)/\sum_j(k_j + a)$의 확률로 선택된다. 그러면 시간 t가 경과된 후 총 노드의 개수는 $N(t) = t + 1$, 총 링크의 수는 $L(t) = t$이고, 이때 만들어지는 네트워크는 도수분포 지수가 $\gamma = 3 + a$로 주어지는 척도 없는 네트워크이다. 이 네트워크에서,

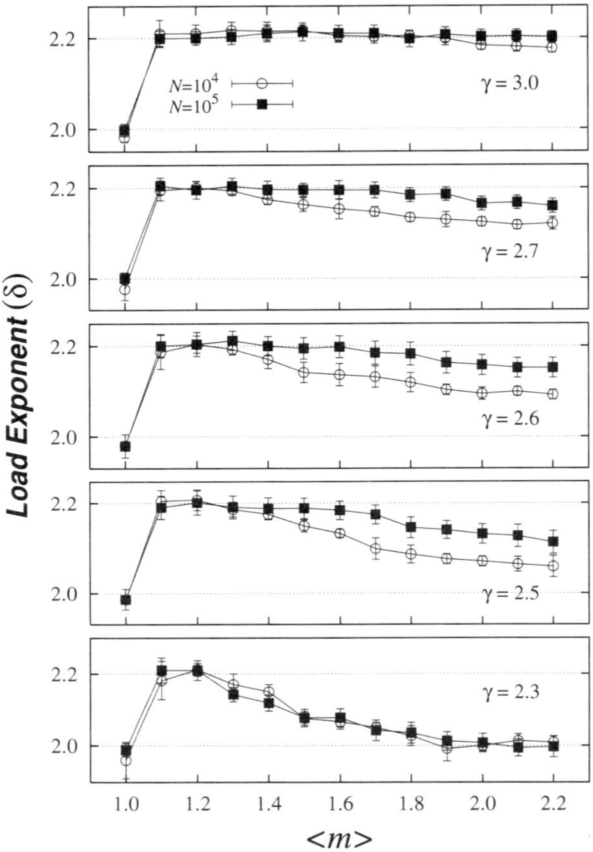

그림 11.4 부하분포함수 지수의 보편성: 바라바시-알버트 모형에 대한 부하분포함수 지수 δ의 측정값. $\langle m\rangle$은 새로 등장한 노드에서 기존의 노드로 연결하는 평균 링크 수.

$P_s(m,t)$를 시각 s에 태어난 링크의 한쪽에 m개의 노드가 있고, 다른 한쪽에 $t+1-m$개의 노드가 있을 확률이라고 하자. 이럴 경우, 네트워크가 나뭇가지 구조이기 때문에 이 링크에 걸리는 부하량은 간단히

$\ell = 2m(t+1-m)$이다. 시간이 경과함에 따라 확률함수 $P_s(m,t)$가 진화하는 으뜸 방정식(master equation)을 쓰면 다음과 같다.

$$P_s(m,t+1) = r_1(m,t)P_s(m,t) + r_2(m-1,t)P_s(m-1,t). \quad (11.1)$$

여기서 $r_1(m,t)$은 $t+1$ 시각에 태어난 노드가 $t+1-m$개의 노드들이 모여 있는 송이에 붙을 확률이고, $r_2(m-1,t)$는 t 시각에 새로 태어난 노드가 $m-1$개의 노드들이 모여 있는 클러스터에 붙을 확률이다. 따라서 r_1과 r_2는 다음과 같은 관계를 갖는다.

$$r_1(m,t) = 1 - r_2(m,t) = \frac{(2+a)(t-m)+a+1}{2t+a(t+1)}. \quad (11.2)$$

한편, 앞에서 구한 링크에 걸리는 부하의 양 ℓ은 그 링크가 언제 태어났는지를 나타내는 지표 s와 무관하고, 위 식에서 s에 의존하는 것은 $P_s(m,t)$ 뿐이다. 따라서

$$P(m,t) = \frac{1}{t}\sum_{s=1}^{t} P_s(m,t) \quad (11.3)$$

를 정의하면,

$$(t+1)P(m,t+1) = r_1(m,t)tP(m,t) + r_2(m-1,t)tP(m-1,t) \quad (11.4)$$

의 식을 얻을 수 있다. 여기에 $t \to \infty$인 극한에서 $P(m,t) = Q(m/t)$의 축척 함수를 정의하고 축척 변수 $x = m/t$를 도입하여 $Q(x-1/t) \simeq Q(x) - (1/t)dQ(x)/dx$의 근사를 이용하면

$$(t+1)Q(x)-tQ(x)\simeq -x\frac{dQ(x)}{dx}-Q(x) \tag{11.5}$$

가 되는데, 이 미분방정식의 해는 $Q(x)\sim 1/x^2$이다. 여기서 x는 부하 ℓ과 $\ell\sim 2t^2x$의 관계가 있으므로

$$P_L(\ell)\sim \frac{1}{\ell^2} \tag{11.6}$$

이고, $\delta=2$를 얻는다.

11.2 부하분포와 척도 없는 네트워크의 위상적 성질

앞에서 보인 해석적 풀이는 네트워크에 고리(loop)가 하나도 없을 때, 즉 나뭇가지(tree) 구조에서 얻은 것이다. 나뭇가지 구조에서는 모든 노드들 간의 최단 경로가 유일하게 정해지므로 풀이가 간단하지만, 고리가 있는 네트워크의 경우 일반적으로 최단 경로가 유일하지 않으므로 풀이가 쉽지 않다. 고리가 수송 현상, 또는 부하에 어떤 영향을 미칠지 생각해 보자.

고리 구조의 존재는 그래프 이론에서 항상 중요한 문제이고 최근에는 고리가 척도 없는 네트워크의 구조에 어떤 영향을 주는지에 대해 관심을 나타낸 논문도 발표되었다[135]. 고리 구조는 단순히 변의 길이가 1인 삼각형을 형성하는 것만이 아니고, 멀리 떨어진 노드들을 지름길로 연결하기도 하는데, 이러한 큰 고리들이 서로 얽히면, 네트워크의 중심에는 꽉 묶인 속쇠(core)가 형성된다. 이러한 네트워크의 위상적 차이는 첫째, 부하분포함수의 지수에 반영된다. 바라바시-알버트 모형과 같이 성장형 척도 없는 나뭇가지 구조 네트워크의 경우, 연결선수 지수에 관계없이 부하 지수가 $\delta=2$였다. 반면에, 고리 구조가 있는

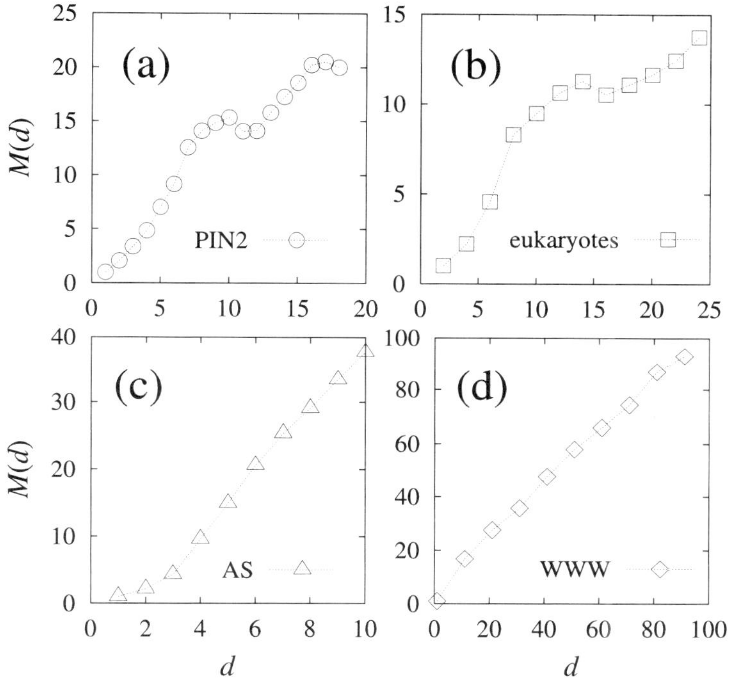

그림 11.5 전형적인 척도 없는 네트워크에서 질량-거리의 관계: (a) 단백질 상호작용 네트워크, (b) 진핵생물 신진대사망, (c) 인터넷, (d) 월드-와이드 웹.

많은 척도 없는 네트워크에서는 부하분포함수 지수가 약 $\delta \approx 2.2$가 됨이 관측되었다. 네트워크의 위상적 차이는 또, 소위 질량-거리 관계식에도 반영된다. 질량-거리 관계식이란 노드 쌍 간의 최단 경로의 거리 d와 그 최단 경로상에 자리하는 노드의 수 $\mathcal{M}(d)$ 간의 관계식이다 (그림 11.5 참조). 최단 경로가 유일하다면 두 양은 같고 $\mathcal{M}(d) = d$의 관계식을 보이겠지만 실제로는 고리의 존재로 인해 둘의 관계는 자

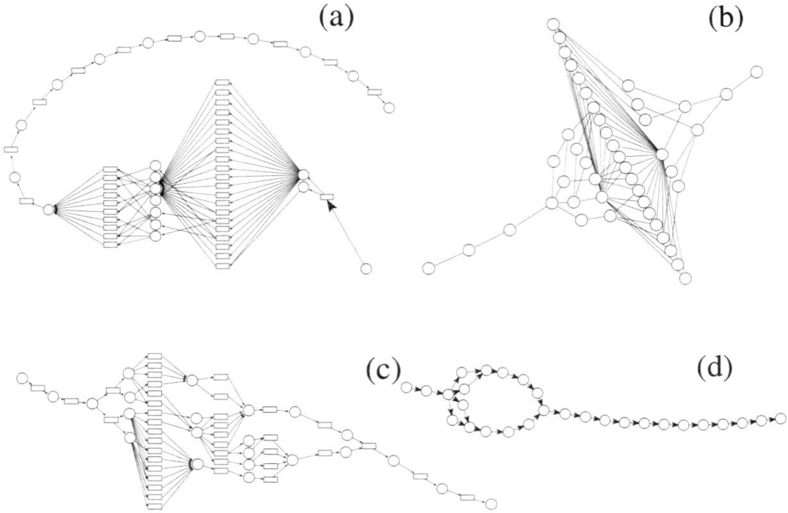

그림 11.6 네트워크에서 최단거리 모습: (a) *E. nidulans*의 신진대사망, (b) 인터넷망, (c) *M. jannaschii*의 신진대사망, (d) 월드-와이드 웹.

명하지 않게 된다. 특히 고리들이 속쇠 또는 덩어리(blob)를 형성하는 경우(그림 11.6 참조) 질량-거리 관계에 혹(hump)이 나타난다. 반면, 부하분포함수의 지수가 2인 경우 둘은 선형 관계를 보인다[32].

11.3 부하 간의 상관관계

도수의 상관관계를 기술하기 위해 도입된 유사성 계수와 비슷하게 임의의 한 연결선을 무작위로 선택하여 양쪽 노드에 걸리는 부하 간의 상관관계를 생각해 보자. 이를 위해 앞에서 정의한, 도수가 k인 노드의 모든 이웃 노드들의 평균 연결선수 $\langle k_{\rm nn}\rangle(k)$와 비슷한 정의를 도입하

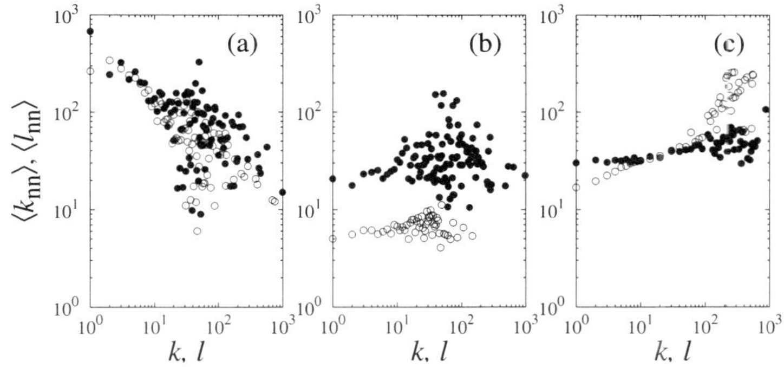

그림 11.7 도수의 상관관계: $\langle k_{\rm nn}\rangle(k)$ (○)와 $\langle \ell_{\rm nn}\rangle(\ell)$ (●): (a) 비유사(dissortative) 네트워크인 인터넷, (b) $\gamma = 3$인 configuration 모형, (c) 신경과학 분야의 공저자 네트워크.

여, 부하가 ℓ인 노드의 모든 이웃 노드들의 평균 부하 $\langle \ell_{\rm nn}\rangle(\ell)$을 조사하여 그림 11.7에 나타내었다. 연구결과 생물학적 네트워크나 정보 네트워크에서는 연결선수 유사성 계수와 부하 유사성 계수가 비슷하게 나타난 반면, 사회 네트워크에서는 부하 유사성 계수가 도수 유사성 계수의 약 10분의 1로, 거의 0에 가깝게 나타났다. 이러한 낮아진 상관관계는 연결선수 유사성 계수가 양의 상관관계가 있기 때문이며, 사회학적으로 해석하면 모든 개인이 그 역할에 관계없이 평균적으로 비슷한 중요도를 지닌 사람들과 이웃한다는 의미이다. 즉, 어떤 개인의 영향력 정도에 관계없이, 그 사람 주위에는 영향력이 많은 사람, 적은 사람들이 항상 공존한다는 뜻이다[136]. 대통령의 주위 사람이나 평시민의 주위 사람이나, 영향력의 대소는 비슷하다는 것이다. 이를 확인하기 위해 부하와 연결선수와의 관계를 조사하여 그림 11.8에 나타냈다. 비유사(dissortative) 또는 중립(neutral) 네트워크에서는 부하와 연결

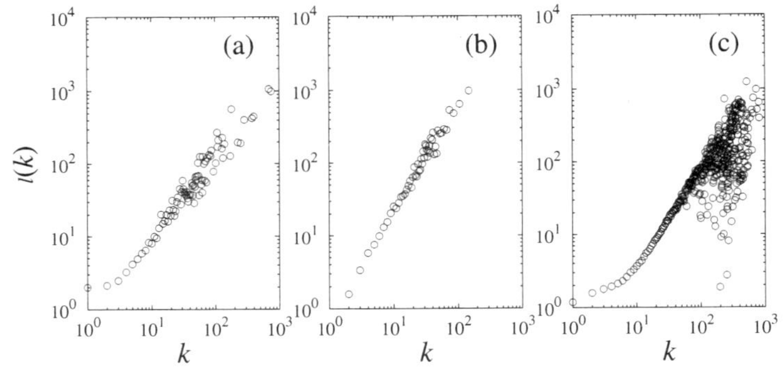

그림 11.8 도수와 부하와의 관계: (a) 인터넷, (b) $\gamma = 3$인 configuration 모형, (c) 신경과학 분야의 공저자 네트워크.

선수가 비슷하게 자리매김하여 $\ell \sim k^{(\gamma-1)/(\delta-1)}$의 관계를 보이지만 유사(assortative) 네트워크에서는 ℓ과 k가 일정한 관계가 없음을 볼 수 있다.

11.4 확산 수송과 멋대로 걷기

좀 더 일반적으로 네트워크에서의 수송 현상이 최단 경로 외의 다른 경로를 따라 움직이는 경우에 대하여 생각해 보자. 네트워크 위에서의 확산 운동은 좁은 세상 네트워크에 대해서는 모나송(Monasson)[137]에 의해, 척도 없는 네트워크에 대해서는 Noh 와 Rieger[138]에 의해 연구되었다. 여기서는 Noh와 Rieger가 연구한 내용을 살펴보기로 하자.

네트워크 위에서 멋대로 걷기 문제를 생각하자. 노드 i를 출발하여 t 시간이 경과한 후 노드 j에 도착할 확률을 $P_{ij}(t)$라고 하자. 이 확률은 다음과 같은 속도식(rate equation)을 만족한다.

$$P_{ij}(t+1) = \sum_m \frac{a_{jm}}{k_m} P_{im}(t). \tag{11.7}$$

여기서 a_{ij}는 이웃행렬의 (i, j) 성분이고, k_m은 노드 m의 도수이다. 따라서 다음과 같은 식을 만들 수 있다.

$$P_{ij}(t) = \sum_{j_1, \ldots, j_{t-1}} \frac{a_{ij_1}}{k_i} \frac{a_{j_1 j_2}}{k_{j_1}} \cdots \frac{a_{j_{t-1} j}}{k_{j_{t-1}}}. \tag{11.8}$$

오랜 시간이 지난 후, 즉 $t \to \infty$인 극한에서는 어디에서 출발했는지가 의미가 없으므로 $P_{ij}(\infty) = P_j^\infty$로 표시할 수 있다. 식 (11.8)로부터

$$k_i P_{ij}(t) = k_j P_{ji}(t) \tag{11.9}$$

라는 관계식을 얻는데, $t \to \infty$의 정상상태 풀이(stationary solution)로 위의 방정식을 만족하는 해는

$$P_i^\infty = k_i / 2L \tag{11.10}$$

라는 것을 곧바로 알 수 있다[139]. 여기서 L은 네트워크에 존재하는 총 링크 수이며 $2L = \sum_i k_i$의 관계가 있다.

다음으로는 최초방문시간(first passage time)을 살펴보도록 하자. 멋대로 걷는 사람(random walker)이 노드 i를 출발하여 시간 t가 지난 후에야 처음으로 노드 j에 도착할 확률을 $F_{ij}(t)$라고 하자. 이 확률 $F_{ij}(t)$은 확률 $P_{ij}(t)$와 다음과 같은 관계가 있다는 것이 잘 알려져 있다.

$$P_{ij}(t) = \delta_{t0}\delta_{ij} + \sum_{\tau=0}^{t} P_{jj}(t-\tau)F_{ij}(\tau). \tag{11.11}$$

여기서 $P_{ij}(0) = \delta_{ij}$ 이고, $F_{ij}(0) = 0$이다. 식 (11.11)의 양변에 라플라스(Laplace) 변환 $\tilde{f}(s) = \sum_{t=0}^{\infty} e^{-st} f(t)$을 취하면 다음과 같은 관계식을 얻을 수 있다.

$$\tilde{F}_{ij}(s) = [\tilde{P}_{ij}(s) - \delta_{ij}]/\tilde{P}_{jj}(s). \tag{11.12}$$

이를 이용해, 유한한 크기의 네트워크에서 처음 방문시간의 평균(MFPT)을 구해보자. 이것은 $\langle T_{ij}\rangle = \sum_{t=0}^{\infty} tF_{ij}(t) = -\tilde{F}'_{ij}(0)$으로 정의된다. $P_{ij}(t)$이 P_j^{∞}에 지수적(exponential)으로 수렴한다고 생각하자. 이때 $R_{ij}^{(n)} \equiv \sum_{t=0}^{\infty} t^n \left(P_{ij} - P_j^{\infty}\right)$을 정의하면, $\tilde{P}_{ij}(s)$는 다음과 같이 표시할 수 있다.

$$\tilde{P}_{ij}(s) = \frac{k_j}{2L(1-e^{-s})} + \sum_{n=0}^{\infty} (-1)^n R_{ij}^{(n)} \frac{s^n}{n!}. \tag{11.13}$$

이 결과를 이용하여 MFPT는

$$\langle T_{ij}\rangle \propto \begin{cases} \frac{2L}{k_j} & (j=i), \\ \frac{2L}{k_j}[R_{jj}^{(0)} - R_{ij}^{(0)}] & (j \neq i) \end{cases} \tag{11.14}$$

가 된다. 이 결과를 보면, 출발한 노드로 최초로 돌아오는 데 걸리는 평균 시간은 그 노드의 도수에 의존하는 것을 알 수 있고, 결국 최초로 돌아오는 시간 분포는 네트워크의 도수분포와 같이 멱함수를 따르게 된다.

제 12 장

네트워크의 집단 선별

제 12 장　네트워크의 집단 선별

실재하는 네트워크는 많은 경우 집단구조(modular structure)를 가지고 있다. 인터넷과 같은 경우에는 지역적으로 집단구조가 형성되고, 단백질 상호작용 네트워크는 기능에 따른 집단구조를 가지고 있다. 또 논문 공저자 네트워크와 같은 사회연결망에서도 사람들의 유유상종성 때문에 자연스레 집단구조가 형성된다. 어떤 노드가 어떤 집단에 속하는지에 대한 문제를 네트워크의 구조를 통하여 이해함으로써 그 노드의 기능적인 특성을 예측할 수 있다는 장점 때문에 연구자들은 어떻게 하면 집단을 좀 더 정확히 확인할 수 있을지에 대하여 많은 연구를 수행하였다. 이와 같은 노력으로 많은 알고리즘이 개발되었고, 이 장에서는 그중 중요한 몇 가지 방법을 소개하고자 한다.

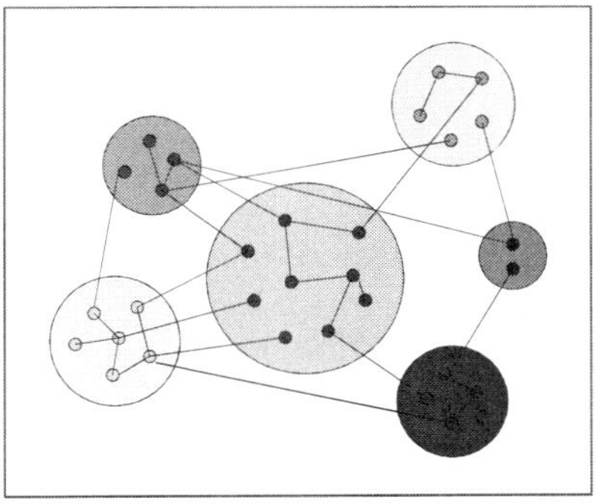

그림 12.1　집단구조가 있는 네트워크의 개략도

12.1 Girvan-Newman 알고리즘

집단 분류 방법의 하나로 Girvan과 Newman은 앞 장에서 다룬 부하를 이용하는 알고리즘을 개발했다[140]. 그 과정은 다음과 같다.

i) 주어진 네트워크에서 링크 부하를 계산한다. 여기서 링크 부하는 앞 절에서 소개한 부하를 링크에 자연스럽게 적용한 개념으로, 노드를 통해서 지나간 데이터 패킷의 양 대신 링크를 지나간 데이터 패킷의 양을 측정한다.

ii) 모든 링크 중에서 부하가 제일 큰 링크를 선택하여 제거한다.

iii) 링크 하나가 제거된 새로운 네트워크에서 링크에 걸리는 부하를 다시 계산하고, 부하가 제일 많은 링크를 제거한다. 이와 같은 과정을 반복하면서 아래 정의된 modularity Q를 측정한다.

$$Q = \frac{1}{2L}\sum_{vw}\left[a_{vw} - \frac{k_v k_w}{2L}\right]\delta(c_v, c_w). \qquad (12.1)$$

여기서 L은 네트워크의 총 링크의 수이고 a_{vw}는 이웃행렬의 원소이며 c_v는 노드 v가 속해 있는 집단을 의미한다.

iv) Modularity Q가 최대가 될 때의 네트워크 구조를 집단구조로 선택한다.

iii)의 과정에서 네트워크가 여러 부분으로 분리되면, 각각의 분리된 송이 모두에서 부하량을 측정한다. 이 알고리즘은 집단구조 내부에서는 노드들이 서로 조밀하게 연결되어 링크의 밀도가 높은 반면, 집단 간에는 연결이 드물기 때문에 집단 간을 연결하는 링크에 걸리는 부하가 크다는 아이디어에서 비롯되었다. 이 방법은 집단구조를 추출하는 최초의 알고리즘으로 많은 각광을 받았으나 부하량을 매번 계산하여야 하기 때문에 노드 수가 많은 네트워크에서는 효율적인 방법이 아니다[141, 142, 143]. 참고로 네트워크의 노드 수가 N일 경우 GN 알고리즘을 실행하는 데 걸리는 시간은 $\mathcal{O}(NL^2)$이다.

12.2 Newman의 빠른 알고리즘

Newman은 GN 알고리즘에서와 같이 네트워크에서 링크를 제거하면서 집단구조를 찾아내는 방법 대신 노드들끼리 전혀 연결되어 있지 않은 상태로부터 링크를 연결하면서 집단구조를 찾아내는 알고리즘을 소개하였다. 이 알고리즘을 실행하는 데는 $\mathcal{O}(L\log N)$의 시간이 걸린다. 이를 위해 우선, 앞서 소개한 modularity의 정의를 다른 꼴로 변환하자. i라는 집단에 속하는 노드 v와 j라는 집단에 속하는 노드 w가 있다고 하자. 이때 집단 i와 j를 연결하는 링크 수가 네트워크 전체의 링크 수 L 중에서 차지하는 비율 e_{ij}는 다음과 같다.

$$e_{ij} = \frac{1}{2L}\sum_{vw} a_{vw}\delta(c_v, i)\delta(c_w, j). \tag{12.2}$$

여기서 a_{vw}은 이웃행렬의 (v, w) 성분이다. 또한 집단 i에 소속된 노드의 도수 합과 네트워크 전체 노드의 도수 합에 대한 비율은 다음과 같다.

$$a_i = \frac{1}{2L}\sum_{v} k_v\delta(c_v, i). \tag{12.3}$$

즉, modularity를 다시 쓰면 다음과 같다.

$$Q = \sum_{i}(e_{ii} - a_i^2). \tag{12.4}$$

따라서 네트워크에서 modularity를 계산하는 것은 e_{ii}와 a_i를 측정하는 것으로 가능하며, 현재의 집단구조에서 링크가 하나 추가될 때 modularity의 변화량 ΔQ를 쉽게 예측할 수 있다. 이때 Newman의 알고리즘은 다음과 같다.

i) 주어진 네트워크에서 모든 링크를 가상적인 것으로 생각하자.
ii) 가상의 링크 중 하나를 선택하여 실제 링크로 바꾼다면 ΔQ가 얼마일지 계산해 보고, 그중 ΔQ를 가장 크게 하는 링크를 선택하여 실제 링크로 만든다.
iii) 남아 있는 가상의 링크에 대해 ii) 과정을 반복하여 modularity가 최대가 되는 순간의 네트워크 구조를 얻으면 원하는 집단구조를 찾은 것이 된다.

12.3 계층적 집단화(Hierarchical clustering) 방법

이 절에서는 집단구조를 찾는 매우 일반적인 방법인, 계층 구분을 통한 집단구조 선별 방법을 살펴보자. 우선 시스템에 있는 모든 노드 쌍에 대하여 계량(metric) $\{\rho_{ij}\}$을 정의한다. 여기서 metric은 매우 일반적인 양으로, 두 노드 사이의 거리(hopping distance)가 될 수도 있고, 두 노드의 유사성이 될 수도 있고, Pearson 상관계수(correlation)가 될 수도 있다. 또 다른 어떤 양이라도 두 노드 사이에 정의되는 거리의 의미가 있으면 metric이 될 수 있다. 이 metric을 이용하여 다음의 방법으로 계통수(dendrogram)를 만드는 과정을 생각해 보자. 우선 metric의 크기가 가장 작은 노드의 쌍 (i,j)를 연결하는데, 연결하는 높이를 그 쌍의 metric 크기로 한다. (i,j)가 연결되면 i와 j는 그 둘을 합병한 가상의 노드로 치환하여 생각하고, 이 가상의 노드와 또 다른 노드 k

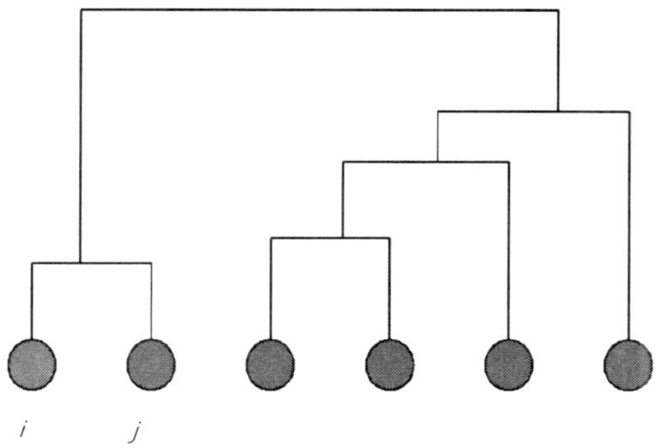

그림 12.2 노드들의 계통수

와의 metric은 $(\rho_{ik} + \rho_{jk})/2$로 정의한다. 그러면 가상의 노드 하나를 포함하는 $N-1$개의 노드들의 각 쌍에 대하여 새로운 metric을 계산할 수 있는데, 이때 앞에서처럼 metric의 크기가 가장 작은 쌍을 골라 연결한다. 이와 같은 과정을 반복하여 전체 노드를 통합하는 계통수를 만든 뒤 (그림 12.2), 연결이 일어난 단계마다 modularity를 계산하여 그 값이 가장 큰 단계에서 노드가 묶여 있는 상태를 네트워크의 선별된 집단으로 한다.

12.4 q-state Potts 모형을 이용한 알고리즘

이 알고리즘[144]은 네트워크의 각 노드에 스핀이 존재하는 q-state Potts 모형을 고려하여 스핀 하밀토니안(Hamiltonian)을 정의하고, 이 하밀토니안의 기저상태에 있는 스핀 배열(configuration)을 구함으로써 집단을 선별하는 방법이다. 즉, 시스템이 기저상태에 있을 때 같은 스핀 상태에 있는 노드들을 하나의 집단이라고 보는 것이다. 물론,

서로 다른 집단에 속하는 노드들끼리는 스핀 상태가 다르고, 따라서 가능한 스핀 상태의 수 q는 주어진 네트워크에서 나타날 수 있는 집단의 수보다 커야 한다. 이 방법은 Fu와 Anderson[145]이 Ising model을 이용하여 그래프를 두 부분으로 나누었던 선행적 연구와 Domany의 연구 그룹[146]이 발표하였던 Potts 모형을 이용한 집단 선별 방법을 좀 더 발전시킨 것이다.

Bornholdt의 연구 그룹은 다음과 같은 하밀토니안을 설정하였다.

$$\mathscr{H} = -\sum_{i \neq j} \left(a_{ij} - \gamma \frac{k_i k_j}{2L} \right) \delta(\sigma_i, \sigma_j). \tag{12.5}$$

여기서 σ_i는 노드 i에 있는 스핀의 상태이다. 각 스핀은 $\sigma_i = 1, \cdots, q$의 상태 중에서 어떤 한 상태에 있다. 괄호 안에 있는 항은, $\gamma = 1$일 때 위에서 정의한 modularity에 해당하는 양이다. 만약 집단 선별이 modularity가 큰 쪽으로 이루어진다면 이 하밀토니안은 낮은 값을 갖게 된다. 역으로 하밀토니안이 낮은 값을 갖도록 집단을 선별한다면 그 집단구조의 modularity는 높다. 여기서 γ는 집단을 선별하는 수위(level)를 결정하는 변수의 역할을 한다. 위 하밀토니안을 최소화하여 기저상태를 찾는 것은 simulated annealing과 메트로폴리스 몬테 카를로 시뮬레이션을 통해 가능하다. 이 방법은 지금까지 소개된 집단구조 선별 방법 중에서 성능이 가장 좋은 편에 속하기는 하지만, 시뮬레이션 시간을 많이 요한다는 단점이 있다.

12.5 D-value에 근거한 집단구조 선별 방법

지금까지 소개한 집단구조 선별 방법들에서는 식 (12.1)에서 정의한 modularity를 최대화하는 것으로 집단을 설정하였다. 그러나 최근 중국의 연구 그룹은 modularity를 대신하는 새로운 양 D를 제안하고, 이 양을 최대로 하는 집단구조 선별 방법을 소개하였다[148]. D는 다음과 같이 정의된다.

$$D = \sum_{i=1}^{m} \frac{L(V_i, V_i) - L(V_i, \bar{V}_i)}{|V_i|}. \tag{12.6}$$

여기서 $L(V_i, V_j)$는 집단 V_i에 속하는 임의의 노드와 집단 V_j에 속하는 임의의 노드를 연결하는 총 링크 수, $L(V_i, \bar{V}_i)$는 집단 V_i에 속하는 임의의 노드와 집단 V_i에 속하지 않는 임의의 노드를 연결하는 총 링크 수, $|V_i|$는 집단 V_i에 속하는 총 노드 수를 의미한다. 이들이 제안한 알고리즘은 이렇게 정의된 D를 modularity Q 대신 사용하여 $Newman$의 빠른 알고리즘과 같은 과정을 거치는 방법이다. 즉, D의 변화량을 가장 크게 만드는 링크를 하나씩 붙여나가면서 D가 최대가 되는 때의 연결 상태를 택하여 집단구조를 선별하는 것이다.

제 13 장

가중치 복잡계 네트워크

제 13 장 가중치 복잡계 네트워크

13.1 가중치 네트워크의 구조적 특징

지금까지 살펴본 네트워크에서는 연결선이 있거나 혹은 없거나 하는 경우만을 생각하였다. 그러나 실재하는 네트워크에서는 연결선에 가중치가 있는 경우가 흔히 있다. 이러한 네트워크를 가중치가 있는 네트워크(weighted network)라 부른다.

우선 구조적 특징부터 살펴보자. Newman은 공저자 네트워크[100]에서 두 공저자 간의 가중치를 $w_{ij} = \sum_p 1/(n_p - 1)$와 같이 정의하였다. 여기서 n_p는 p라는 논문의 총 저자 수이고, $\sum_p$는 두 사람이 공저한 모든 논문에 대한 합이다. 즉 공저자 수가 많을수록 저자 간의 가중치가 작아진다고 본 것이다. Barrat, Barthelemy, Vespignani(BBV)[149]는 항공망 네트워크를 조사하였다. 여기서는 각 공항이 노드가 되고, 두 공항 사이에 취항하는 직항 노선이 있으면 링크로 연결되는데, 공항 사이에 취항하는 항공기의 승객 좌석수를 링크의 가중치로 하였다.

위의 두 가지 가중치 네트워크, 즉 공저자 네트워크와 항공망 네트워크는 구조적으로 매우 흥미로운 차이를 보인다. 구조의 특징을 기술하는 세기(strength)라는 양을 정의하자. 어느 한 노드 i의 세기 s_i는 그 노드에 연결된 링크 가중치의 합이다. 즉,

$$s_i = \sum_j w_{ij} \tag{13.1}$$

로 정의한다. 이 세기의 크기는 각 노드마다 매우 달라서, 뚱뚱한 꼬리 분포(fat-tailed distribution)를 이루고 있다. 흥미로운 것은 세기와 도수와의 관계이다. 공저자 네트워크에서는 세기와 도수가 $s \propto k$의 선형 관계를 가지고 있지만, 항공망 네트워크에서는 $s \sim k^{\theta}$ $(\theta \approx 1.5)$로, 비선형적 관계를 가지고 있다. 또한 노드 i와 j간의 링크에 존재하는 가중치 w_{ij}는 공저자 네트워크의 경우 두 노드 도수의 곱 $k_i k_j$에 무관하지만 항공망 네트워크의 경우 $w_{ij} \sim (k_i k_j)^{1/2}$의 관계식이 존재한다는 것을 알게 되었다.

다음은 가중치 네트워크 모형을 살펴보자. 우선 Barrat, Barthelemy, Vespignani(VVB)[150]는 세기 분포가 뚱뚱한 꼬리 분포를 갖게 되는 이유를 설명하기 위해 바라바시-알버트 모형의 선호적 링크 연결 방법을 가중치 네트워크로 확장하였다. 이 모형으로 네트워크를 만드는 방법은 다음과 같다.

i) 매 시각마다 한 개의 노드가 시스템에 주입되고, 이 주입된 노드 n은 세기에 대한 선호적 연결 방법에 의해 연결 대상 노드 i를 고른다. 즉, 노드 i가 연결 대상으로 선택될 확률은 $\Pi_i = s_i / \sum_j s_j$이다.
ii) 노드 n과 i를 연결시키고 이 링크의 초기 가중치 w_0를 부여한다. 또한 노드 i와 그 이웃 노드들 $\{j\}$ 사이의 링크에 $\Delta w_{ij} = \delta w_{ij}/s_i$ 만큼씩의 가중치를 더하여 준다.
iii) 따라서 노드 i의 세기는 $s_i \to s_i + w_0 + \delta$로 변한다.
iv) 이와 같은 연결 방법에 따라 새롭게 시스템에 주입된 노드 n과

m개의 서로 다른 목표 노드를 선택하여 연결시킨다.

위와 같은 방법에 따라 진화하는 네트워크에서 노드 i의 세기 s_i의 시간적 변화는

$$\begin{aligned}\frac{ds_i}{dt} &= m\frac{s_i}{\sum_j s_j}(1+\delta) + \sum_{j,\mathrm{nn\ of}\ i} m\frac{s_j}{\sum_\ell s_\ell}\delta\frac{w_{ij}}{s_j} \\ &= \frac{2\delta+1}{2\delta+2}\frac{s_i(t)}{t}\end{aligned} \tag{13.2}$$

로 기술된다. 이 동역학 방정식의 해를 구하면 다음과 같은 결과를 얻게 된다. 가) 세기와 도수와의 관계는 $s_i = (1+2\delta)k_i$로, 선형적이다. 나) 노드의 세기 분포는 $P_s(s) \sim s^{-\eta}$로 멱함수 분포를 따르게 되는데, 여기서 세기 지수는 $\eta = (3+4\delta)/(1+2\delta)$이다. 또, 각 링크의 가중치 분포 역시 멱함수 분포를 따르고 그 지수는 $\alpha = 2 + 1/\delta$이다. 결론적으로 BBV 모형은 노드의 세기의 분포가 멱함수 꼴을 따르는 실제 네트워크의 결과를 재현하는 데는 성공적이었으나 도수와 세기의 관계가 비선형적인 항공망 네트워크와 같은 경우를 재현하는 데에는 실패하였다.

Goh와 그의 공동 연구자들은 세기와 도수 사이의 비선형적 관계를 설명하기 위해 비국소적 효과의 역할을 연구하였다[151]. 이들은, 한 노드의 세기 변화는 BBV의 모형과 달리 국소적으로 인접한 링크들의 가중치만을 변화시키는 것이 아니라 전체 시스템에 있는 링크들의 가중치를 변화시키고, 따라서 각 노드들의 세기 또한 변화시킨다는 것을 보였다. 그 예로 부하라는 양을 보면, 어떤 한 노드에 큰 부하가 걸릴 때 그 부하가 다른 노드들에게도 전파되는 현상을 관찰할 수 있고, 이때 도수와 세기의 관계가 비선형적이 된다.

이어서, 위의 개념을 구체화한 모형들이 소개되었다. 첫째로 Bianconi가 소개한 모형이 있다[152]. 이 모형에서 네트워크를 만들기 위한 절차는 다음과 같다.

i) 매 시각마다 한 개의 노드가 시스템에 주입되고 이 주입된 노드 n은 도수에 대한 선호적 연결 방법에 의해 연결 대상 노드 m 개를 골라 각 한 개의 링크를 연결한다. 즉 연결 대상 노드 i를 $\Pi_i = k_i / \sum_j k_j$의 확률로 고른다. 여기서 k_i 는 노드 i의 도수이다.
ii) 새로 생긴 링크를 포함하여 시스템에서 m'개의 링크를 골라 이 링크에 있는 가중치를 w_0 만큼 더한다. 여기서 m'을 고르는 방법은 다음과 같다. 우선 세기의 선호적 선택 방법을 이용하여 한 노드 i를 선택한다. 즉 노드 i를 선택할 확률은 $\Pi_i = s_i / \sum_j s_j$ 이다. 그 다음 이 노드에 연결되어 있는 링크 중에서 각 링크의 가중치를 기준으로 하는 선호적 선택 방법을 적용시켜서 하나의 링크를 선택하게 된다. 즉, 노드 i에 연결된 링크들 중에서 노드 j와 연결된 링크를 $\Pi_{ij} = w_{ij} / \sum_\ell w_{i\ell}$의 확률로 고른다.

이와 같은 방법에 따라 성장한 네트워크에서 노드 i의 세기 s_i는 다음과 같이 주어진다.

$$s_i \propto \begin{cases} k_i & (m' < m), \\ k_i \log(k_i) & (m' = m), \\ k_i^{2\alpha} & (m' > m). \end{cases} \tag{13.3}$$

여기서 $\alpha = m'/(m + m')$이다.

두 번째, Wang과 그의 공동 연구자들이 소개한 모형이 있다[153]. 네트워크의 성장 방법은 다음과 같다.

i) 초기에 N_0개의 노드들을 모두 서로 연결하고, 각 링크의 가중치를 w_0으로 부여한다.
ii) 매 시각마다 새로운 노드가 시스템에 더해지고 그 노드로부터 세기를 기준으로 하는 선호적 연결방법을 통해 노드를 선택하여 링크를 연결시키고 가중치 w_0를 부여한다.
iii) 매 시각마다 시스템에 있는 모든 노드의 쌍 (i,j) 사이의 링크에 대해 아래 규칙에 따라 가중치를 변경한다. 링크가 없는 경우에는 $w_{ij}=0$에 해당된다.

$$w_{ij} \rightarrow \begin{cases} w_{ij}+1 & wp_{ij}\text{의 확률로,} \\ w_{ij} & 1-wp_{ij}\text{의 확률로.} \end{cases} \tag{13.4}$$

여기서 $p_{ij}=s_i s_j/\sum_{a<b} s_a s_b$이다. w는 가중치의 크기를 조정하는 변수이다. 만약 $wp_{ij}>1$이면 1값을 택한다.

이 모형으로 만들어지는 네트워크는 다음과 같은 성질을 갖는다. 가) 세기들의 분포는 멱함수를 따르게 되는데 그 지수는 $\eta=2+m/(m+2w)$로 주어진다. 나) 세기와 도수는 비선형관계를 가지며, 그 지수는 w에 의존한다. 다) 도수의 분포도 멱함수를 따른다.

가중치가 있는 네트워크에서 노드 간의 상관관계는 다음과 같은 양으로 나타낼 수 있다. 가) 어느 한 노드에서 이웃 노드들의 가중치를 고려한 평균 도수는 다음과 같이 계산된다.

$$k^w_{nn,i} = \frac{1}{s_i}\sum_{j=1}^{N} a_{ij} w_{ij} k_j. \tag{13.5}$$

나) 어느 한 노드 i 에서 이웃 노드들의 가중치를 고려한 결집계수는

$$c^w_i = \frac{1}{s_i(k_i - 1)}\sum_{j,h} \frac{(w_{ij} + w_{ih})}{2} a_{ij} a_{ih} a_{jh} \tag{13.6}$$

과 같이 정의된다. 위의 가)와 나)에서 a_{ij} 는 이웃행렬의 원소이다.

13.2 가중치 네트워크 위에서의 수송 현상

가중치 네트워크 위에서의 수송 현상에 대하여 살펴보자. 가중치가 없는 네트워크에서 두 노드 간의 최단 거리의 평균치는 제2장에서 소개한 바와 같이

$$\langle d \rangle = \frac{1}{N(N-1)} \sum_{i,j,i\neq j} d_{i,j}$$

이고, 이를 네트워크의 지름으로 정의한다. 그러나 가중치가 있는 네트워크에서는 지름의 정의가 달라진다. 우선, 각 링크에 있는 가중치를 패킷이 이동하는 데 필요한 비용이라고 생각하자. 이때, 임의의 두 노드 사이의 최단 거리는 비용이 가장 적게 들어가는 길을 따라 패킷이 이동할 때의 거리라고 정의할 수 있다. 그러면 가중치 네트워크에서의 지름은 이 새롭게 정의된 최단 거리의 평균이 된다. 실제로 가중치 네트워크의 지름을 측정해 보면 가중치의 분포는, 강한 무질서의 경우인가 약한 무질서의 경우인가에 따라 결과가 달라진다. 여기서 강한 무질서의 경우는 임의의 두 노드 사이에 최소 비용 길을 구성하는 링크들의 가중치의 집합 중에서 가장 큰 값이 최소 비용 길에 따라 수송하는 데

필요한 총 비용과 거의 같은 경우를 말한다. 강한 무질서가 있는 경우, ER 모형이나 WS 모형 네트워크의 지름은 $\langle d \rangle \sim N^{1/3}$ 으로 축척된다. 척도 없는 네트워크의 경우에는, 연결선수 지수가 $3 < \gamma < 4$인 경우 $\langle d \rangle \sim N^{(\gamma-3)/(\gamma-1)}$이며, $2 < \gamma < 3$인 경우 $\langle d \rangle \sim \ln^{\gamma-1} N$이다. 약한 무질서가 있는 경우는 ER 모형, WS 모형, 또는 척도 없는 네트워크에서 모두 $\langle d \rangle \sim \ln N$이다[154].

제 **14** 장

네트워크의 스펙트럼 성질

제 14 장 네트워크의 스펙트럼 성질

네트워크의 구조적 성질과 네트워크에서의 동역학적 성질은 네트워크의 스펙트럼(spectrum) 성질과 밀접한 관계가 있다. 이 장에서는 여러 가지 네트워크와 관련된 행렬에 대한 스펙트럼의 성질을 살펴보고자 한다.

14.1 이웃행렬

네트워크의 구조를 기술하는 이웃행렬은 다음과 같이 정의된다. N개의 노드로 구성되어 있는 네트워크를 생각하자. 두 노드 (i,j)가 연결되어 있으면 이웃행렬 $\mathbf{A}$의 (i,j) 성분 a_{ij}은 1이고 연결되어 있지 않으면 0이다. 그림 14.1과 같은 간단한 네트워크를 생각하자. 이 네트워크에 대한 이웃 행렬은 다음과 같다.

$$A = \begin{pmatrix} 0 & 1 & 1 & 0 \\ 1 & 0 & 1 & 0 \\ 1 & 1 & 0 & 1 \\ 0 & 0 & 1 & 0 \end{pmatrix}. \tag{14.1}$$

행렬 A는 $N \times N$의 크기를 갖는다. 또한 대칭행렬이며 실수의 성분으로 구성되어 있다. 이 이웃행렬로부터 여러 가지 물리적 성질을 얻을 수 있다. 첫째,

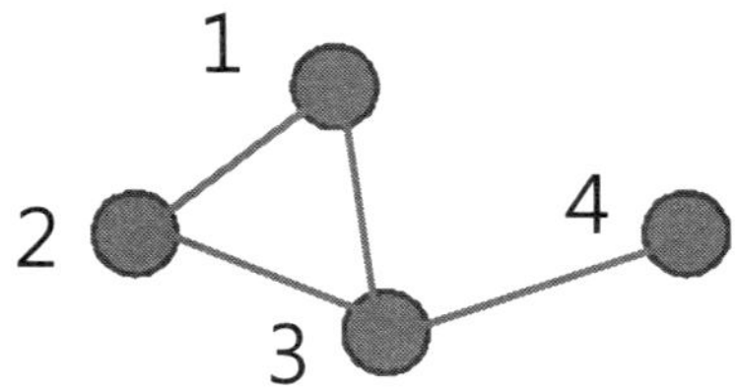

그림 14.1　간단한 네트워크

$$(A^n)_{ij} = \sum_{v_1,v_2,\ldots v_{n-1}} a_{i,v_1} a_{v_1,v_2} \cdots a_{v_{n-1},j} \tag{14.2}$$

는 노드 i 에서 j 로 n 걸음으로 갈 수 있는 총 경로 수이다. 특별히 $j=i$ 일 때, 위의 식은 i 에서 출발하여 n 걸음 후에 출발점 i 로 돌아오는 경로 수를 의미한다. 이 양을 $\rho_i(n)$이라고 표시하자. 즉

$$\rho_i(n) = (A^n)_{ii}. \tag{14.3}$$

이 양의 시작 노드 i 에 대한 평균을 $\rho(n)$이라고 표시하자. 즉

$$\rho(n) = \frac{1}{N} \sum_{i}^{N} (A^n)_{ii} \tag{14.4}$$

이다. 이 양은 행렬 $[a_{ij}]$을 대각화한 후 다음과 같이 쓸 수 있다.

$$\frac{1}{N} \sum_{\alpha=1}^{N} \lambda_\alpha^n. \tag{14.5}$$

여기서 λ_α는 행렬 A의 α번째 고유치이다. n걸음 후에 시작점으로 돌아오는 평균 경로 수에 대한 모함수를 다음과 같이 정의할 수 있다.

$$R(z)=\frac{1}{N}\sum_{i=1}^{N}\sum_{n=0}^{\infty}\rho_i(n)z^n. \tag{14.6}$$

위의 양은 출발점에 대한 평균을 취한 양이다. 어떤 유한한 크기의 네트워크에 대한 고유치들은 불연속적인 값을 갖는다. 그러나 열역학 극한에서는 연속적인 값을 갖게 된다.

$$\langle R(z)\rangle=\int\frac{\rho(\lambda)}{1-z\lambda}d\lambda. \tag{14.7}$$

위의 양에 대하여 수학적인 조작을 수행하자.

$$\begin{aligned}\left\langle\frac{1}{z}R(\frac{1}{z})\right\rangle&=\int\frac{\rho(\lambda)}{z-\lambda}d\lambda\\&=\mathscr{P}\int\frac{\rho(\lambda)}{z-\lambda}d\lambda-\pi i\rho(z).\end{aligned} \tag{14.8}$$

따라서

$$\rho(\lambda)=-\frac{1}{\pi}\mathrm{Im}\left\langle zR(z)|_{z=\frac{1}{\lambda+i\epsilon}}\right\rangle. \tag{14.9}$$

이와 같은 방식으로 복잡계 네트워크의 스펙트럼을 구하는 방법은 참고문헌 [155]에서 제시하였으므로 자세한 내용은 그 논문을 참조하기 바란다.

여기서는 본 연구 그룹에서 수행하였던 방법을 소개하고자 한다[156]. 이 방법은 앞에서 소개한 복제방법(replica trick)을 이용한 것이다. 다음과 같은 분배함수를 생각하자.

$$Z(\mu)=\int D\phi e^{\frac{i}{2}\mu\sum_j\phi_j^2-\frac{i}{2}\sum_{jk}\phi_jN_{jk}\phi_k}. \tag{14.10}$$

여기서 N_{ij}는 일반적인 행렬을 의미하는데 우선 위에서 소개한 이웃 행렬의 경우를 생각하자. 즉 $[N_{ij}]=[a_{ij}]$. 이웃행렬과 같이 대칭이고 실수 성분을 갖는 행렬인 경우에는 직교변환을 이용하여 행렬을 대각화할 수 있다.

함수 $\vec{\phi}$를 직교변환하여 $\vec{\Psi}$ 함수로 변환한다. 즉

$$\sum_{jk}\phi_j N_{jk}\phi_k=\sum_{\alpha}\lambda_\alpha\Psi_\alpha^2. \tag{14.11}$$

이 분배함수는

$$\begin{aligned} Z(\mu) &= \int D\Psi\prod_{k=1}^{N}\exp\left[\frac{\mathrm{i}}{2}\left(\mu-\lambda_k\right)\Psi_k^2\right] \\ &= \prod_k\left[\frac{2\pi}{\mathrm{i}\left(\lambda_k-\mu\right)}\right]^{\frac{1}{2}}. \end{aligned} \tag{14.12}$$

여기서 $D\Psi=\prod_\alpha d\psi_\alpha$이다.

위의 분배함수에 로그를 취한 후 네트워크 앙상블에 대한 평균을 취하면 다음과 같이 쓸 수 있다.

$$\langle\ln Z(\mu)\rangle=N\ln\left(\frac{2\pi}{\mathrm{i}}\right)^{\frac{1}{2}}-\frac{1}{2}\sum_k\langle\ln\left(\lambda_k-\mu\right)\rangle. \tag{14.13}$$

위의 식을 μ에 대하여 미분하여 다음과 같은 식을 얻는다.

$$\begin{aligned}\frac{\partial}{\partial\mu}\langle\ln Z(\mu)\rangle &= \frac{1}{2}\langle\sum_k \frac{1}{\lambda_k-\mu}\rangle \\ &= \frac{N}{2}\int\frac{\rho(\lambda)}{\lambda-\mu}d\lambda \\ &= \frac{N}{2}\mathscr{P}\int\frac{\rho(\lambda)}{\lambda-\mu}d\lambda+\frac{N\pi}{2}\mathrm{i}\rho(\mu).\end{aligned} \tag{14.14}$$

따라서 스펙트럼 밀도 함수 $\rho(\mu)$는 다음과 같은 관계식에서 구할 수 있다. 앞으로의 논의를 위하여 식 (14.10)을 다음과 같이 일반적인 형식으로 표시하기로 하자.

$$Z=\int D\phi\exp\left(-\sum_i h_i(\phi_i)-\sum_{i<j}a_{ij}V(\phi_i,\phi_j)\right) \tag{14.15}$$

다음은 $\langle\ln Z(\mu)\rangle$을 구하기 위해 복제방법(replica trick)을 사용하기로 하자.

$$f\equiv-\langle\ln Z\rangle=-\lim_{n\to0}\frac{\langle Z^n\rangle-1}{n}=-\lim_{n\to0}\frac{1}{n}\ln\langle Z^n\rangle. \tag{14.16}$$

$$\begin{aligned}\exp(-nf) &= \langle Z^n\rangle \\ &= \left\langle\int D\vec{\phi}\exp\left[-\sum_{i,\alpha}h_i(\phi_i^\alpha)-\sum_{i<j}a_{ij}\sum_\alpha V(\phi_i^\alpha,\phi_j^\alpha)\right]\right\rangle \\ &= \int D\vec{\phi}\exp\left[-\sum_{i,\alpha}h_i(\phi_i^\alpha)\right]\prod_{i<j}\Big[(1-f_{ij}) \\ &\quad +f_{ij}\exp(-\sum_\alpha V(\phi_i^\alpha,\phi_j^\alpha))\Big]\end{aligned}$$

$$
\begin{aligned}
&= \int D\vec{\phi} \exp\Big\{ \Big[-\sum_{i,\alpha} h_i(\phi_i^\alpha) \Big] \\
&\quad + \sum_{i,j} \frac{pN}{2} p_i p_j \Big[\exp(-\sum_\alpha V(\phi_i^\alpha, \phi_j^\alpha)) - 1 \Big] \Big\} \\
&= \int D\vec{\phi} e^{-\mathscr{H}_{\text{eff}}}.
\end{aligned}
\tag{14.17}
$$

여기서

$$
\exp(-\sum_\alpha V(\phi_i^\alpha, \phi_j^\alpha)) - 1 = \sum_R a_R O_R(\vec{\phi}_i) O_R(\vec{\phi}_j) \tag{14.18}
$$

의 관계식을 이용하여

$$
-\mathscr{H}_{\text{eff}} = -\sum_{i,\alpha} h_i(\phi_i^\alpha) + \sum_R a_R \underbrace{\sum_{i,j} \frac{pN}{2} p_i p_j O_R(\vec{\phi}_i) O_R(\vec{\phi}_j)}_{\frac{pN}{2}\left(\sum_i p_i O_R(\vec{\phi}_i)\right)^2} \tag{14.19}
$$

을 구한다.

$$
\begin{aligned}
\exp(-\mathscr{H}_{\text{eff}}) &= \exp\left(-\sum_{i,\alpha} h_i(\phi_i^\alpha) \right) \\
&\quad \prod_R \int \exp\left(-\frac{a_R}{2} pNQ_R^2 + pNa_R \sum_i p_i O_R(\vec{\phi}_i) Q_R \right) dQ_R
\end{aligned}
\tag{14.20}
$$

로 표시할 수 있다. 따라서

$$\exp(-nf) = \int dQ_R \exp[-\sum_R \frac{1}{2} pNa_R Q_R^2]$$
$$\prod_{i=1}^{N} \int d\vec{\phi}_i \exp\left(-\sum_\alpha h_i(\phi_i^\alpha) + \sum_R pNa_R Q_R p_i O_R(\vec{\phi}_i)\right)$$
$$= \int dQ_R \exp\left(-\sum_R \frac{1}{2} pNa_R Q_R^2 + \sum_{i=1}^{N} \ln \zeta_i\right)$$
$$\equiv \int dQ_R \exp\left(-f_s(Q_R)\right). \tag{14.21}$$

여기서

$$\zeta_i = \int d\vec{\phi} \exp\left(-\sum_\alpha h_i(\phi_i^\alpha) + pNp_i \sum_R a_R Q_R O_R(\vec{\phi}_i)\right). \tag{14.22}$$

식 (14.21)의 적분을 구하기 위해 saddle point 근사 방법을 이용하기로 한다. $df_s(Q_R)/dQ_R = 0$을 만족시키는 $Q_R^{'}$을 구하면

$$Q_R^{'} = \sum_k P_k \langle O_R(\vec{\phi}) \rangle_{\phi,k}. \tag{14.23}$$

이를 이용하여 자유에너지 nF을 구하면 다음과 같다.

$$nf = \frac{1}{2} pN \sum_R a_R Q_R^{'\,2} - \sum_{i=1}^{N} \ln \zeta_i. \tag{14.24}$$

또 $g(\vec{\phi})$를 다음과 같이 정의하기로 하자.

$$g(\vec{\phi}) \equiv \sum_R a_R Q_R^{'} O_R(\vec{\phi}) = \sum_R a_R \sum_k P_k \langle O_R(\psi) \rangle_{\psi,k} O_R(\vec{\phi})$$

$$= \sum_k P_k \langle e^{-\sum_\alpha V(\phi_\alpha,\psi_\alpha)} - 1\rangle_{\psi,k}. \quad (14.25)$$

$g(\vec{\phi})$ 를 이용하여

$$\zeta_i = \int d\vec{\phi} \exp[-\sum_\alpha h_i(\phi_\alpha) + pNp_i g(\vec{\phi})]. \quad (14.26)$$

그러므로 스펙트럼 밀도를 다음과 같이 구할 수 있다.

$$\rho_M(\mu) = \lim_{n\to 0} \frac{2}{\pi n N} \mathrm{Im} \frac{\partial}{\partial \mu} \sum_{k=1}^{N} \ln \zeta_k \Big|_{\{Q'_R\}}. \quad (14.27)$$

14.2 이웃행렬에 대한 스펙트럼

식 (14.10)과 식 (14.15)로부터 다음을 구할 수 있다.

$$h_k(\phi) = -\frac{\mathrm{i}}{2}\mu\phi^2, \qquad V(\phi,\psi) = \mathrm{i}\phi\psi. \quad (14.28)$$

그러면

$$\zeta_k = \int d\vec{\phi} \exp[\frac{\mathrm{i}}{2}\mu\vec{\phi}^2 + pNP_k g(\vec{\phi})]. \quad (14.29)$$

$$g(\vec{\phi}) = \sum_k P_k \frac{\int d\vec{\psi}(e^{-\mathrm{i}\vec{\phi}\cdot\vec{\psi}} - 1) e^{\frac{\mathrm{i}}{2}\mu\vec{\psi}^2 + pNP_k g(\vec{\psi})}}{\int d\vec{\psi} e^{\frac{\mathrm{i}}{2}\mu\vec{\psi}^2 + pNP_k g(\vec{\psi})}}. \quad (14.30)$$

이로부터

$$\rho_A(\mu)=\frac{2}{\pi nN}\mathrm{Im}\sum_{k=1}^{N}\left\langle\frac{\mathrm{i}}{2}\vec{\phi}^2\right\rangle_{\phi,k}=\frac{1}{\pi nN}\mathrm{Re}\sum_{k=1}^{N}\langle\vec{\phi}^2\rangle_{\phi,k}. \tag{14.31}$$

식 (14.30)을 계산하여 보자. 부록에 있는 방법을 이용하여 각에 대한 적분을 먼저 계산하고 남은 부분을 쓰면 다음과 같다. $x=|\vec{\phi}|$라 쓰면 식 (14.30)은 다음과 같이 된다.

$$\begin{aligned}g(x)&=\sum_k P_k\left[\frac{e^{pNP_kg(0)}-x\int_0^\infty J_1(xy)e^{\frac{\mathrm{i}}{2}\mu y^2+pNP_kg(y)}dy}{e^{pNP_kg(0)}}-1\right]\\&=-\sum_k P_kx\int_0^\infty J_1(xy)e^{\frac{\mathrm{i}}{2}\mu y^2+pNP_kg(y)}dy.\end{aligned} \tag{14.32}$$

위 식에서 $g(0)=0$을 사용하였다. 그러면 식 (14.31)은 다음과 같이 된다.

$$\begin{aligned}\rho_A(\mu)&=\frac{1}{\pi nN}\mathrm{Re}\sum_{k=1}^{N}\left[\frac{\int_0^\infty x^2x^{n-1}\Omega_n dx e^{\frac{\mathrm{i}}{2}\mu x^2+pNP_kg(x)}}{\int_0^\infty x^{n-1}\Omega_n e^{\frac{\mathrm{i}}{2}\mu x^2+pNP_kg(x)}dx}\right]\\&=\frac{1}{\pi N}\mathrm{Re}\sum_{k=1}^{N}\int_0^\infty xe^{\frac{\mathrm{i}}{2}\mu x^2+pNP_kg(x)}dx.\end{aligned} \tag{14.33}$$

여기서 $n\to 0$에 따라 $\frac{\Omega_n}{n}x^{n+1}\to x$으로 되는 성질을 이용하였다.

위에서 보는 것과 같이 $\rho_A(\mu)$를 구하기 위해서는 $g(x)$을 알아야 하는데 이는 식 (14.32)에서 $g(x)$에 대한 자체 일관적인 방정식(self-consistent equation)의 해를 구하여야 한다. 일반적으로 이러한 방정식을 풀기는 쉽지 않다. Rodgers와 Bray는 1988년도에 Erdős와 Rényi 네트워크에서 네트워크의 링크 수가 매우 많을 때 즉 $p \to \infty$ 극한에서 $g(\phi) = \frac{1}{2}a\phi^2$라고 가정하였다[157, 158]. 이 가정은 스핀 계의 평균장 이론에서 자유에너지를 질서매개 변수로 전개할 경우 이차항이 주도적인 역할을 하는 것과 같은 아이디어이다.

척도 없는 네트워크에서도 이와 같은 아이디어를 따라 $g(x) = -\frac{a}{2}x^2 + O(x^4)$ 로 근사하자. 또 앞으로의 논의를 위해 다음과 같이 변수를 전환하자.

$$E = \mu/\sqrt{p}, \qquad X = p^{\frac{1}{4}}x. \tag{14.34}$$

$$g(x) = -\frac{a}{2\sqrt{p}}X^2 + O\left(\frac{X^4}{p}\right) \equiv G(X)/p. \tag{14.35}$$

$J_1(xy) = \frac{xy}{2} = \frac{XY}{2}p^{-1/2}$를 이용하여 다음과 같이 쓸 수 있다.

$$G(X) = -\frac{X^2}{2}\underbrace{\sum_k P_k \int_0^\infty YdYe^{\frac{\mathrm{i}}{2}EY^2 + NP_kG(Y)}}_{\equiv \mathrm{i}Eb} \tag{14.36}$$

위에서 정의한 $\mathrm{i}Eb$를 이용하여 자체일관적인 방정식을 다시 세우면 다음과 같다.

$$\mathrm{i}Eb = \sum_k P_k \int_0^\infty YdYe^{\frac{\mathrm{i}}{2}EY^2 + NP_k\left(-\frac{\mathrm{i}}{2}Eb\right)Y^2}. \tag{14.37}$$

위의 적분은 가능하여, 그 값은 $1/(\mathrm{i}E(bNP_k - 1)$이다. 따라서 다음과 같은 식이 성립한다.

$$b = \frac{1}{E^2}\sum_k \frac{P_k}{1-NP_k b}. \tag{14.38}$$

척도 없는 네트워크에서는 $P_k = (1-\alpha)N^{\alpha-1}k^{-\alpha}$ 와 $\gamma = 1+1/\alpha$를 이용하여

$$b = \frac{\gamma-2}{E^2}\int_0^1 \frac{u^{\gamma-2}du}{u-(1-\alpha)b} \tag{14.39}$$

를 얻는다.

다시 스펙트럼 밀도 식 (14.33)으로 돌아가자. $g(x)$에 대한 근사식 (14.35)를 대입하여,

$$\begin{aligned}\rho_A(\mu) &= \frac{1}{\sqrt{p}}\overline{\rho}_A(E)\\ &= \frac{1}{\pi N}\mathrm{Re}\sum_{k=1}^{N}\int_0^\infty p^{-\frac{1}{2}}Xe^{\frac{\mathrm{i}}{2}EX^2-\frac{\mathrm{i}}{2}ENP_k bX^2}dX.\end{aligned} \tag{14.40}$$

$$\begin{aligned}\overline{\rho}_A(E) &= \frac{1}{\pi NE}\mathrm{Re}\sum_{k=1}^{N}\frac{\mathrm{i}}{(1-bNP_k)} = -\frac{E^{-1}}{\pi}\mathrm{Im}\left[\frac{1}{N}\sum_{k=1}^{N}\frac{1}{1-bNP_k}\right]\\ &= -\frac{E}{\pi}\mathrm{Im}\ b^2.\end{aligned} \tag{14.41}$$

한편

$$b^2 = \frac{1}{E^2}\sum_k \frac{P_k b}{1-NP_k b} = \frac{1}{E^2}\left(-1+\frac{1}{N}\sum_k \frac{1}{1-NP_k b}\right) \tag{14.42}$$

의 성질이 있다.

식 (14.39)를 계산하기 위하여 $(1-\alpha)b = B' - \mathrm{i}B''$이라고 놓자. $E \to \infty$의 경우 B'와 B''이 작아진다. $B'' \to 0$인 경우에는 $B''/((u-B')^2+(B'')^2) \sim \pi\delta(u-B')$이다. 식 (14.39)는

$$B' - \mathrm{i}B'' = \frac{(1-\alpha)(\lambda-2)}{E^2}\int_0^1 \frac{u^{\gamma-2}\{(u-B')-\mathrm{i}B''\}}{(u-B')^2+(B'')^2}du. \tag{14.43}$$

위의 식에서 $B' = \frac{1-\alpha}{E^2}$이 되고 $B'' = \pi(\gamma-2)(B')^{\gamma-1}$이다. 따라서

$$\rho(\mu) \sim \frac{2}{\sqrt{p}}\frac{(\gamma-2)^{\gamma-1}}{(\gamma-1)^{\gamma-2}}\frac{1}{E^{2\gamma-1}} \sim \frac{1}{\mu^{2\gamma-1}}. \tag{14.44}$$

14.3 가중치가 있는 이웃행렬의 스펙트럼 밀도

이번 절에서 살펴볼 행렬 $\tilde{B}$는 다음과 같이 정의된다.

$$(\tilde{B})_{ij} = b_{ij} = a_{ij}/q_i.$$

여기서 a_{ij}는 앞 절에서 소개한 이웃행렬의 (ij) 성분이다. $q_i(\neq 0)$는 i 노드에만 의존하는 것인데 예를 들어 노드 i의 도수에 대한 함수가 될 수 있다. $q_i = (pNp_i)^\beta$. 여기서 β는 임의의 상수라고 하자. 행렬 $\tilde{b}_{ij}$은 대칭행렬이 아니므로 다루기 힘들기 때문에 유사변환을 이용하여 다음과 같은 대칭행렬을 정의하자. $b_{ij} = \frac{a_{ij}}{\sqrt{q_i q_j}}$. 여기서 유사변환은 다음과 같이 수행된다. $B \equiv D\tilde{B}D^{-1}$인데

$$D_{ij} = \sqrt{q_i}\delta_{ij} \tag{14.45}$$

로 정의하여

$$(D\tilde{B}D^{-1})_{il}=\sqrt{q_i}\delta_{ij}\frac{a_{jk}}{q_j}\frac{1}{\sqrt{q_k}}\delta_{kl}=B_{il} \tag{14.46}$$

이 된다.

식 (14.10)과 같이 분배함수를 정의하자.

$$\begin{aligned} Z(\mu)&=\int D\phi e^{\frac{\mathrm{i}}{2}(\mu\sum_k \phi_k^2-\sum_{i,j}\frac{a_{ij}}{\sqrt{q_iq_j}}\phi_i\phi_j)} \\ &=\underbrace{(\prod_i q_i^{\frac{1}{2}})}_{\text{constant}}\int D\phi e^{\frac{i}{2}(\mu\sum_k q_k\phi_k^2-\sum_{i,j}a_{ij}\phi_i\phi_j)}. \end{aligned} \tag{14.47}$$

따라서 분배함수 꼴 식 (14.15)의 관점에서 보면 $h_k(\phi_k)=-\frac{i}{2}\mu q_k\phi_k^2$ 이고 $V(\phi_k,\phi_e)=\mathrm{i}\phi_k\phi_e$으로 이웃행렬 때와 같다.

그러면 식 (14.29)는

$$\zeta_k=\int d\vec{\phi}e^{\mathrm{i}\frac{\mu}{2}q_k\vec{\phi}^2+pNP_kg(\vec{\phi})} \tag{14.48}$$

로 변한다. 또 식 (14.30)은

$$g(\vec{\phi})=\sum_k P_k\frac{\int d\vec{\psi}(e^{-\mathrm{i}\vec{\phi}\cdot\vec{\psi}}-1)e^{\mathrm{i}\frac{\mu}{2}q_k\vec{\psi}^2+pNP_kg(\vec{\psi})}}{\zeta_k} \tag{14.49}$$

가 된다. 식 (14.31)은 다음과 같이 변한다.

$$\rho_B(\mu)=\frac{1}{\pi nN}Re\sum_{k=1}^{N}q_k\langle\vec{\phi}^2\rangle_{\phi,k}. \tag{14.50}$$

이 적분을 각에 대한 적분과 지름에 대한 적분으로 나누고 각에 대한 적분을 하고 나면 다음과 같은 결과를 갖는다.

$$g(x) = -\sum_k P_k x \int_0^\infty J_1(xy) e^{\frac{\mathrm{i}}{2}\mu q_k y^2 + pNP_k g(y)} dy. \tag{14.51}$$

$$\rho_B(\mu) = \frac{1}{\pi n N} \mathrm{Re} \sum_{k=1}^{N} q_k \int_0^\infty x e^{\frac{\mathrm{i}}{2}\mu q_k x^2 + pNP_k g(x)} dx. \tag{14.52}$$

이 식을 계산하기 위해 다음과 같이 변수 변환을 생각하자.

$$\mu = p^{\frac{1}{2}-\beta} E, \quad y = p^{-\frac{1}{4}} Y, \quad x = p^{-\frac{1}{4}} X,$$

$$g(x) = G(X)/p, \quad J_1(xy) x dy = \frac{1}{2p} X^2 Y dY. \tag{14.53}$$

그러면 식 (14.51)은 다음과 같이 쓸 수 있다.

$$\begin{aligned} G(X) &= -\frac{\mathrm{i}}{2} X^2 \sum_k P_k \int_0^\infty dY Y e^{\frac{i}{2} E (NP_k)^\beta Y^2 + NP_k G(Y)} \\ &\equiv -\frac{1}{2} X^2 (\mathrm{i} E b). \end{aligned} \tag{14.54}$$

따라서

$$\mathrm{i} E b = \sum_k P_k \frac{1}{-\mathrm{i} E (NP_k)^\beta + (NP_k) \mathrm{i} E b}. \tag{14.55}$$

그리고

$$-E^2 b^2 = \frac{1}{N} \sum_k \frac{(NP_k) b}{-(NP_k)^\beta + NP_k b}$$

$$= {}_2F_1\left(1, \frac{\gamma-1}{1-\beta}; \frac{\gamma-\beta}{1-\beta}; \frac{1}{b(1-\alpha)^{1-\beta}}\right). \tag{14.56}$$

식 (14.52)는 다음과 같이 쓸 수 있다.

$$\begin{aligned}
\rho_B(\mu) &= \frac{1}{\pi}\mathrm{Re}\frac{1}{N}\sum_k p^{\beta}(NP_k)^{\beta} \\
&\quad \int_0^{\infty} p^{-\frac{1}{2}} X \exp\left(\frac{\mathrm{i}}{2}E(NP_k)^{\beta}X^2 - \frac{\mathrm{i}}{2}EbX^2(NP_k)\right) dX \\
&= \frac{p^{\beta-\frac{1}{2}}}{\pi}\mathrm{Re}\frac{1}{N}\sum_k (NP_k)^{\beta}\frac{-\mathrm{i}}{Eb(NP_k)-E(NP_k)^{\beta}} \\
&= \frac{1}{\pi}p^{\beta-\frac{1}{2}}\frac{1}{E}\,\mathrm{Im}\,\underbrace{\frac{1}{N}\sum_k \frac{(NP_k)^{\beta}}{b(NP_k)-(NP_k)^{\beta}}}_{\underbrace{\frac{1}{N}\sum_k\left(-1+\frac{(NP_k)b}{(NP_k)b-(NP_k)^{\beta}}\right)}_{\mathrm{Im}\,(-E^2b^2)}} \\
&= -\frac{p^{\beta-\frac{1}{2}}}{\pi}E\,\mathrm{Im}b^2.
\end{aligned} \tag{14.57}$$

따라서 다음과 같은 식을 얻을 수 있다.

$$\overline{\rho}_B(E) = -\frac{E}{\pi}\mathrm{Im}b^2. \tag{14.58}$$

여기서 $-E^2b^2 =_2 F_1\left(1, \frac{\alpha-1}{1-\beta}; \frac{\gamma-\beta}{1-\beta}; \frac{1}{b(1-\alpha)^{1-\beta}}\right)$을 만족한다. ${}_2F_1$은 hypergeometric 함수이다.

수학적인 조작을 통하여

$$\rho_B(\mu) \sim \mu^{-(2\tilde{\lambda}-1)} = \mu^{-\frac{2\gamma-\beta-1}{1-\beta}} \tag{14.59}$$

를 얻었다. 특별히 $\beta \to 1$의 경우를 생각하자. 이 경우에는 멋대로 걷기 문제의 스펙트럼 밀도를 구하는 문제로 귀결된다. 이 경우에는 $-E^2b^2 = \frac{b}{b-1}$를 만족하며 다음과 같은 결론을 얻는다.

$$\rho_B(\mu) = \begin{cases} p^{\frac{1}{2}}\frac{1}{\pi}\sqrt{1-\frac{E^2}{4}} & (|E|<2), \\ 0 & (|E|>2). \end{cases} \tag{14.60}$$

14.4 라플라시안 행렬에 대한 스펙트럼 밀도

다음과 같은 라플라스 행렬을 생각하자.

$$(L)_{ij} = L_{ij} = \frac{1}{p}(k_i\delta_{ij} - a_{ij}). \tag{14.61}$$

여기서 a_{ij}는 이웃행렬이다. 위에서 다룬 방법과 같이 이 행렬에 대한 스펙트럼 밀도도 분배함수로부터 구할 수 있다.

$$Z(\mu) = \int D\phi e^{\frac{i}{2}\mu\sum_i \phi_i^2 - \frac{i}{2}\sum_{i,j}\phi_i\phi_j L_{ij}}. \tag{14.62}$$

식 (14.15)의 일반적 분배함수 꼴과 연관지어서 생각하면

$$h(\phi) = -\frac{i}{2}\mu\phi^2, \tag{14.63}$$

$$V(\phi,\psi) = (\phi-\psi)^2\frac{i}{2p} \tag{14.64}$$

이다.

그러면 식 (14.29)는

$$\zeta_k = \int d\vec{\phi} e^{\frac{i}{2}\mu\vec{\phi}^2 + pNP_k g(\vec{\phi})}. \tag{14.65}$$

이다. 그러면 식 (14.30)은

$$g(\vec{\phi}) = \sum_k P_k \langle e^{-\frac{i}{2p}(\vec{\phi}-\vec{\psi})^2} - 1 \rangle_{\psi,k}. \tag{14.66}$$

$$\frac{\partial \zeta_k}{\partial \mu} = \frac{i}{2}\langle \vec{\phi}^2 \rangle_{\phi,k}. \tag{14.67}$$

$$\rho_L(\mu) = \frac{1}{\pi n N} \mathrm{Re} \sum_k \langle \vec{\phi}^2 \rangle_{\phi,k}. \tag{14.68}$$

각에 대한 적분을 수행한 후 반지름 방향의 식은 다음과 같다.

$$\zeta_k = \int_0^\infty x^{n-1} dx e^{\frac{i}{2}\mu x^2 + pNP_k g(x)} \Omega_n \to e^{pNP_k g(0)}. \tag{14.69}$$

$g(x)$는 다음과 같은 자체일관적인 방정식을 만족시킨다.

$$g(x) = \sum_k P_k \Big[e^{-\frac{i}{2p}x^2} - 1 - \frac{x}{p} e^{-\frac{i}{2p}x^2} \int_0^\infty dy J_1\left(\frac{xy}{p}\right) e^{-\frac{i}{2p}y^2 + \frac{i}{2}\mu y^2 + pNP_k g(y)} \Big]. \tag{14.70}$$

그러므로

$$\rho_L(\mu) = \frac{1}{\pi N}\mathrm{Re}\sum_k \int_0^\infty y e^{\frac{i}{2}\mu y^2 + pNP_k g(y)} dy \tag{14.71}$$

이다.

다음과 같이 변수 변환을 하자.

$$pg(y) \to \tilde{g}(y). \tag{14.72}$$

그러면 $\tilde{g}(x)$은 다음과 같이 근사한다. 이 근사는 앞에서 사용하였던 근사와 같이 링크의 밀도가 많은 극한에서 유효하다.

$$\tilde{g}(x) = -\frac{i}{2}x^2 + \mathcal{O}\left(\frac{1}{p}\right). \tag{14.73}$$

스팩트라 밀도는 다음과 같이 계산된다.

$$\begin{aligned}
\rho_{\mathrm{L}}(\mu) &= \frac{1}{\pi N}\mathrm{Re}\sum_k \int_0^\infty e^{\frac{i}{2}\mu y^2 + NP_k\left(-\frac{i}{2}y^2\right)} y dy \\
&= \frac{1}{\pi N}\mathrm{Im}\sum_k \frac{1}{NP_k - \mu} \\
&= \frac{1}{\pi}\mathrm{Im}\left(\frac{\gamma - 1}{1-\alpha}\right)\int_0^1 \frac{u^{\gamma-1}}{1 - \frac{\mu}{1-\alpha}u} du \\
&= \frac{1}{\pi}\frac{(\gamma-1)^2}{\gamma(\gamma-2)}\mathrm{Im}\ {}_2F_1\left(1, \gamma; \gamma+1; z = \frac{\mu}{1-\alpha}\right) \\
&= \begin{cases} 0 & \text{if } z = \frac{\mu}{1-\alpha} < 1, \\ \frac{1}{\pi}\frac{(\gamma-1)^2}{\gamma(\gamma-2)}\left(\gamma\pi z^{-\gamma}\right) & \text{if } 1 < z = \frac{\mu}{1-\alpha} < 2. \end{cases}
\end{aligned} \tag{14.74}$$

14.5 가중치가 있는 라플라스 행렬의 스펙트럼 밀도

다음과 같은 행렬 W를 생각하자.

$$W_{ij} = \frac{k_i \delta_{ij} - a_{ij}}{\sqrt{q_i q_j}}. \tag{14.75}$$

여기서 $A = (a_{ij})$은 이웃행렬이고 $k_i = \sum_j a_{ij}$은 노드 i의 도수이고 q_i은 임의의 양의 상수이다. 이 행렬은 다음과 같이 선형적인 동역학적 방정식

$$\frac{\mathrm{d}\phi_i}{\mathrm{d}t} = -\frac{1}{q_i}\sum_j a_{ij}(\phi_i - \phi_j) = -\sum_j \overline{W}_{ij}\phi_j \tag{14.76}$$

에서 비롯되었다고 할 수 있는데, 이 운동방정식은 동기화 현상을 이해하는 데 쓰이기도 한다[159, 160]. 여기서 $\overline{W}_{ij} = (k_i \delta_{ij} - a_{ij})/q_i$이다. 행렬 $\overline{W}$과 W는 다음과 같은 유사 변환 $W = S^{1/2}\overline{W}S^{-1/2}$으로 서로 관련이 있다. 여기서 S는 대각화된 행렬로 $S_{ii} = q_i$의 성분을 갖는다. 행렬 W의 고유치는 양수이며 이의 최소치는 0이다.

분배함수(14.15) 꼴을 이용하기 위하여 다음과 같이 변수를 치환한다. $\phi \to \sqrt{q_i}\phi$로 $h_i(\phi) = \frac{\mathrm{i}}{2}\mu q_i \phi^2$로 정의하고, $V(\phi, \psi) = -\frac{\mathrm{i}}{2}(\phi - \psi)^2$로 잡는다. 위 절에서 사용한 방법을 이용하여

$$\rho_{\mathrm{w}}(\mu) = \frac{1}{\pi N}\mathrm{Re}\sum_i q_i \int_0^\infty y \exp\left(\frac{\mathrm{i}}{2}\mu q_i y^2 + pNp_i\, g_{\mathrm{W}}(y)\right)\mathrm{d}y \tag{14.77}$$

를 얻는다. 여기서

$$g_W(x) = e^{-ix^2/2} - 1$$
$$- x e^{-ix^2/2} \sum_i p_i \int_0^\infty J_1(xy) \exp(\frac{i}{2}\mu q_i y^2 - \frac{i}{2}y^2 + pNp_i\, g_W(y)) dy \tag{14.78}$$

이다. 여기서 $J_1(z)$는 차원 1인 베셀함수이다.

링크 수가 많은 극한 $p \to \infty$에서는 $G_W(x) = p g_W(x/\sqrt{p})$이다. 따라서 $G_W(x) = -\frac{i}{2}x^2$와 일반적인 q_i에서는

$$\rho_W(\mu) = \frac{1}{\pi N} \mathrm{Im} \sum_i \frac{q_i}{pNp_i - \mu q_i}. \tag{14.79}$$

지금까지 q_i는 일반적인 경우에 대하여 살펴보았는데, $q_i = \langle d_i \rangle^\beta = (pNp_i)^\beta$의 경우를 살펴보자. β는 임의로 정한 변수이고, 가중치 지수라고 하자. 고유치 μ를 $\mu \to E$로 다음과 같이 변환하자.

$$E = p^{\beta-1}(\lambda-2)^{\beta-1}(\lambda-1)^{1-\beta}\mu. \tag{14.80}$$

그러면 스펙트럼 밀도는

$$\rho_W(E) = \frac{\lambda-1}{\pi} \mathrm{Im} \int_0^1 \frac{u^{\lambda-\beta-1}}{1-u^{1-\beta}E} du. \tag{14.81}$$

이 스펙트럼 밀도함수의 성질은 β에 대하여 3가지로 구분할 수 있다.

(i) $\beta < 1$의 경우

식 (14.81)은 다음과 같이 계산된다.

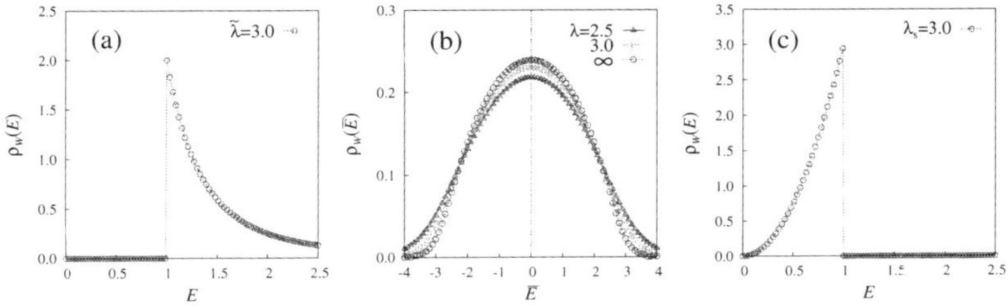

그림 14.2 가중치가 있는 라플라스 행렬의 스펙트럼 밀도 함수: (a) $\beta < 1$, (b) $\beta = 1$와 (c) $\beta > 1$의 경우. (a)와 (c)의 경우는 변수 E의 함수로 그렸으나, (b)의 경우는 $\overline{E} = \sqrt{p}(E-1)$의 변수로 그렸다. 몇 가지의 λ에 대하여 스펙트럼 밀도를 그렸다.

$$\rho_{\mathrm{w}}(E) = \begin{cases} 0, & \text{if } 0 < E < 1, \\ (\frac{\lambda-1}{1-\beta})E^{-(\lambda-\beta)/(1-\beta)} & \text{if } E > 1. \end{cases} \tag{14.82}$$

그러므로 스펙트럼은 E에 대하여 유한한 $E = 1$인 gap이 존재한다. $E > 1$의 영역에서는 멱함수로 감소하는데, 지수는 $\sigma_{\mathrm{w}} = (\lambda-\beta)/(1-\beta)$이다.

(ii) $\beta = 1$의 경우

$\beta = 1$의 경우는 특별히 다루어져야 한다. 이 경우, $E = \mu$와 $\rho_{\mathrm{w}}(E) = \delta(E-1)$이 된다. 그러나 $E = 1$ 근처에서 새로운 변수 $\overline{E} = \sqrt{p}(E-1)$를 정의하여 스펙트럼 밀도를 조사해 보자.

함수 $g_{\mathrm{W}}(x)$는

$$p\, g_{\mathrm{W}}(p^{-1/4}x) = -\mathrm{i}\sqrt{p}x^2/2 - x^4/8 + H(x) \tag{14.83}$$

로 표시되는데 여기서 $H(x)$는 $p \to \infty$의 극한에서 다음과 같이 된다.

$H(x)=\mathrm{i}\gamma(\overline{E})x^2/2$. 여기서 $\gamma(\bar{E})$는 다음 방정식의 해이다.

$$\gamma=-\frac{(\lambda-1)}{\sqrt{2\pi}}\int_{-\infty}^{\infty}\mathrm{d}z\mathrm{e}^{-z^2/2}\int_0^1\frac{u^{\lambda-2}\mathrm{d}u}{\overline{E}+\gamma+z\sqrt{u(\lambda-1)/(\lambda-2)}}. \tag{14.84}$$

이 해를 구하면 $\rho_{\mathrm{w}}(\overline{E})=\mathrm{Im}\gamma(\overline{E})/\pi$이다. 그림 14.2(b)는 몇 가지 γ에 대한 $\rho_{\mathrm{w}}(\overline{E})$의 그림이다.

(iii) $\beta>1$의 경우

이 경우 식(14.81)은 다음과 같이 표시된다.

$$\rho_{\mathrm{w}}(E)=\begin{cases}\left(\frac{\lambda-1}{\beta-1}\right)E^{(\lambda-\beta)/(\beta-1)}, & \text{if } 0<E<1,\\ 0 & \text{if } E>1.\end{cases} \tag{14.85}$$

여기서 $\rho_{\mathrm{w}}(E)$는 $0<E<1$에서 0이 아닌 멱함수적인 성질을 보인다. 이와 같은 멱함수 성질은 장시간 후의 이완현상(long-time relaxation) $\sim t^{-\lambda_s}$를 주며 여기서 λ_s는 시스템의 스펙트럼 차원[161, 162, 163, 164]이며

$$\lambda_s=\frac{\lambda-1}{\beta-1} \tag{14.86}$$

로 주어진다. 그림 14.2(c)는 $\lambda_s=3$일 때 $\rho_{\mathrm{w}}(E)$의 그림이다.

제 15 장

프랙탈 복잡계 네트워크

제 15 장 프랙탈 복잡계 네트워크

척도 없는 네트워크에서 두 노드 사이의 평균 거리 $\langle d \rangle$는 전체 노드 수 N에 대하여 $\langle d \rangle \sim \ln\ln N (2 < \lambda < 3)$ 또는 $\langle d \rangle \sim \ln N (\lambda > 3)$의 관계를 갖는다. 이것은 반지름 또는 지름이 $\langle d \rangle$인 박스를 잡았을 때 이 박스 안에 들어 있는 총 노드 수 N을 $N \sim \exp(\langle d \rangle)$으로 쓸 수 있다는 뜻이 된다. 즉, 척도 없는 네트워크가 좁은세상(small world) 성질을 지니고 있다는 것이다. 반면, 프랙탈이라는 개념은 어떤 노드를 원점으로 하여 반지름이 d인 박스를 잡았을 때 이 박스 속에 들어가는 노드의 수가 $N \sim d^{d_f}$ 형태의 멱함수 꼴로 축척된다는 것이다. 이렇게 좁은세상과 프랙탈은 서로 상치되는 개념이었다. 그러나 최근 들어 이 두 개념을 통합하는 새로운 이론이 탄생하였다[165]. 이를 살펴보도록 하자.

프랙탈의 개념을 설명하기 위해 먼저 프랙탈 차원을 정의하자. 프랙탈 차원은 두 가지 방법으로 측정할 수 있다. 첫 번째는 이른바 반지름-질량의 관계를 이용하는 방법이다. 이 방법에서는 반지름이 d인 박스를 잡았을 때 이 박스 속에 들어가는 대상의 질량, 즉 노드 개수의 평균값을 측정하여 $\langle M_B \rangle \sim d^{d_f}$의 관계를 통해 프랙탈 차원을 측정한다.

$$d_f = \frac{\ln\langle M_B \rangle}{\ln d}. \tag{15.1}$$

두 번째는 이른바 box-covering 방법이다. 길이가 d인 박스를 잡았을 때 전체 시스템을 덮기 위해 필요한 박스의 수를 $N_B(d)$이라고 하자.

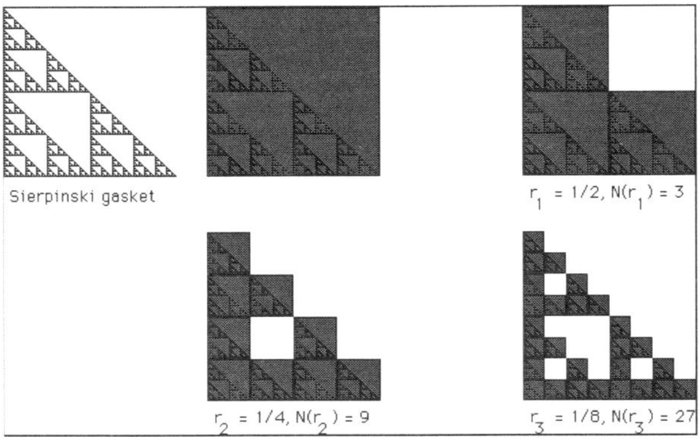

그림 15.1 Box-covering 방법: Sierpinski gasket에서 box-covering 방법을 이용하여 프랙탈 차원을 구하는 과정

만약 개체가 프랙탈 구조라면 $N_B(d)$는 d에 대하여 다음과 같이 축척된다.

$$N_B(d) \sim \epsilon^{-d_f}. \tag{15.2}$$

그러므로 프랙탈 차원은 아래와 같다.

$$d_f = -\frac{\ln N_B(d)}{\ln d}. \tag{15.3}$$

박스의 평균 질량과 개체를 모두 덮기 위해 필요한 박스의 수와의 관계는 $\langle M_B(d) \rangle = N / \langle N_B(d) \rangle$와 같다. 따라서 개체가 일반적인 프랙탈 구조이면 위의 두 정의로 측정한 프랙탈 차원은 일치한다. 그림 15.1은 프랙탈의 전형적인 예라고 할 수 있는 Sierpinski Gasket에 대하여 box-covering 방법을 적용한 것이다. 박스의 크기가 늘어남에 따라 박스의 개수가 적어지고, 그 경향은 멱함수 꼴을 따른다.

최근 연구에서 box-covering 방법을 변형하여 몇 가지 복잡계 네트워크, 예를 들어 단백질 상호작용 네트워크와 월드 와이드 웹 등에 적용한 결과, 식 (15.2)에서와 같이 멱함수적으로 박스의 개수가 감소하는 것을 발견하였으며, 따라서 복잡계 네트워크에서도 프랙탈을 정의할 수 있다는 것을 알게 되었다. 여기서 사용하고 있는 box-covering 방법은 다음과 같다[166].

1. 네트워크에서 임의로 한 노드를 선택한다. 만약 이 노드가 이미 선택된 적이 있는 경우에는 다른 노드를 선택한다.
2. 선택된 노드를 중심으로 반지름이 ℓ_B인 박스를 잡고 이 박스 안에 들어오는 노드를 박스에 속한다고 간주한다. 그런데 이 박스 안에 들어오지만 이미 다른 박스에 속해 있는 노드는 새로운 박스에 편입시키지 않는다. 이러한 경우 때문에 박스가 나누어질 (disconnected) 수 있다. 예를 들어 그림 15.2에서 노드 2를 선택하였을 때, 2번 노드는 이미 첫 번째 박스에 속해 있으므로 제외하고, 아래에 연결되어 있는 2개의 노드가 새로운 박스에 속하게 되는데, 이때 2번 박스는 두 부분으로 나누어진 상태이다.
3. 위의 1과 2 과정을 반복하여 모든 노드들이 어떤 박스에든 속하게 한다. 이때 박스의 개수 $N_B(\ell_B)$를 세는데, 2의 과정에서 나누어진 박스는 하나의 박스로 간주한다.

위의 방법을 적용한 예가 그림 15.2와 같다. 이를 이용하여 박스의 수를 세면 시행할 때마다 결과가 다를 수 있다. 따라서 주어진 ℓ_B에 대하여 위 과정을 여러 번 시행한 뒤, 그중에서 박스 수가 가장 작은 경우를 택하여 $N_B(\ell_B)$값으로 택한다. 그러나 시행 횟수를 무한히 할 수가 없기 때문에 수학적으로 잘 정의된 방법은 아니다. 이러한 box-

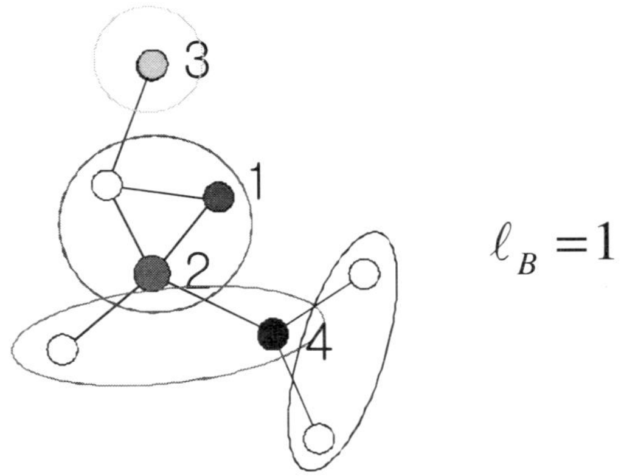

그림 15.2 Box-covering 방법을 설명하기 위한 예

covering 방법은 박스가 나누어지는 것을 허락하기 때문에 기존의 방법과는 다른 결과를 준다.

즉, 척도 없는 네트워크에서 일정한 거리 ℓ_B 안에 들어오는 평균 노드의 개수 $\langle M_C(\ell_B)\rangle$를 측정하면 $\langle M_C(\ell_B)\rangle \sim e^{\ell_B}$이어서 프랙탈의 특성이 보이지 않지만, 박스가 나누어지는 것을 허락하는 box-covering 방법으로 평균 노드의 개수 $\langle M_B(\ell_B)\rangle$를 측정하면 $\langle M_B(\ell_B)\rangle \sim \ell_B^{d_B}$인 경우가 있고, 이 때는 프랙탈의 성질을 볼 수 있다.

나뭇가지 구조의 척도 없는 네트워크가 어떤 조건을 만족하면 반지름-질량의 관계가 멱함수 꼴이 될 수 있다. 즉, 앞에서 소개한 바와 같이 갈래치기 과정을 통하여 만들어진 나무(branching tree)에서 평균 갈래의 수가 1인 임계 갈래치기의 경우 반지름과 질량의 관계가 멱함수의 관계를 갖는다. 이때 프랙탈 차원은 $2 < \lambda < 3$인 경우에는 $d_f = (\lambda-1)/(\lambda-2)$이고 $\lambda > 3$인 경우에는 $d_f = 2$이다[127, 163]. 그러나 실재하는 척도 없는 네트워크는 많은 경우 나뭇가지 구조로 되어

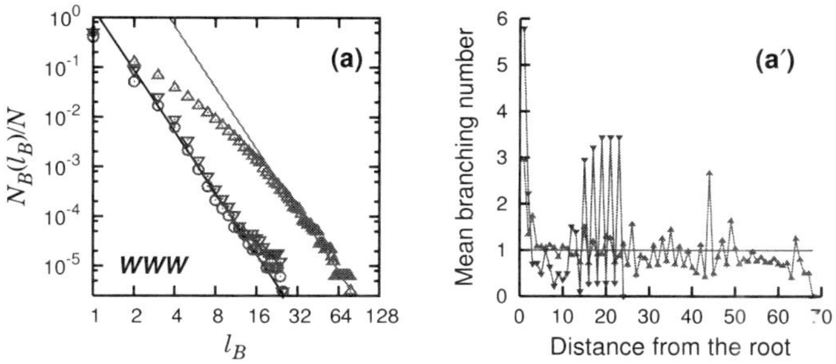

그림 15.3 프랙탈 분석: 월드-와이드 웹, 그리고 그것의 골격 구조와 최소걸침나무(minimum spanning tree)에서 box-covering 방법을 이용한 프랙탈 축척 분석. 그리고 그것의 골격 구조에서 거리에 대한 평균 갈래치기 수.

있지 않고, 고리(loop)가 있는 구조이므로 위의 경우와 다르다. 이를 해결하기 위해서 다음과 같은 연구가 최근 수행되었다. 네트워크에서 각 연결선의 중앙성을 구하고, 중앙성이 큰 순서대로 연결선을 붙여가되, 고리를 형성하는 연결선은 제외하여 중앙성을 최대화하는 나뭇가지 구조의 네트워크를 만든다. 이러한 네트워크를 골격(skeleton)이라고 부른다[34].

이런 과정으로 얻은 골격 구조가 앞에서 언급한 임계 갈래치기 구조와 어떤 관계가 있는지에 대하여 살펴보기로 하자. 이를 위해 월드 와이드 웹 네트워크에서 골격을 찾고, 그 골격의 허브 노드 또는 임의의 한 노드로부터의 거리에 따라, 갈래치기 수의 평균을 구하여 보았다. 그림 15.3에서 보는 바와 같이 프랙탈 구조의 척도 없는 네트워크인 월드 와이드 웹 네트워크의 골격은 임계 갈래치기 구조를 가짐을 알 수 있었다.

그러나 모든 척도 없는 네트워크가 프랙탈 네트워크는 아니다. 예를 들어 그림 15.4과 같은 인위적인 네트워크는 나무 구조의 네트워크이기는 하지만 프랙탈 네트워크가 아니다. 허브 근처에 너무 많은 노드들이 모여 있어 임계 갈래치기 성질을 만족하지 않기 때문이다. 즉 프랙탈 네트워크는 임계 갈래치기 네트워크에서 만들어진 것과 같이 허브가 적당히 분산되어 있는 구조이다. 단백질 상호작용 네트워크에서는 생명체가 각 기능을 수행하기 위해서 기능별로 집단을 구성하며, 각 집단마다 허브 단백질이 존재한다. 이 허브 단백질들끼리는 한두 단계 이내에서 상호작용을 하지 않고, 서로 멀리 떨어져 존재하게 된다. 월드-와이드 웹에서도 마찬가지이다[167].

한편, Box-covering 방법을 이용하여 하나의 박스에 속하는 노드들을 하나의 집단으로 고려하면, 여러 가지 특징을 살펴볼 수 있다. 한 박스 속에 들어 있는 노드 수는 일정하지 않고 매우 불균일하여 그 분포는 멱함수 또는 뚱뚱한 꼬리 분포를 따른다. 이것은 척도 없는 네트워크의 특징을 반영하는 것이라고 할 수 있다. 이 멱함수 분포를 다음과 같이 표시하면

$$P_m(M_B) \sim M_B^{\eta}. \tag{15.4}$$

지수 η는 ℓ_B의 크기에 따라 다르게 표현되는데, ℓ_B가 작을 때는 $\eta \approx \lambda$이고, ℓ_B가 클 때는 갈래치기 네트워크 크기 분포의 지수와 같아서 $\eta \approx \lambda/(\lambda-1)$가 된다.

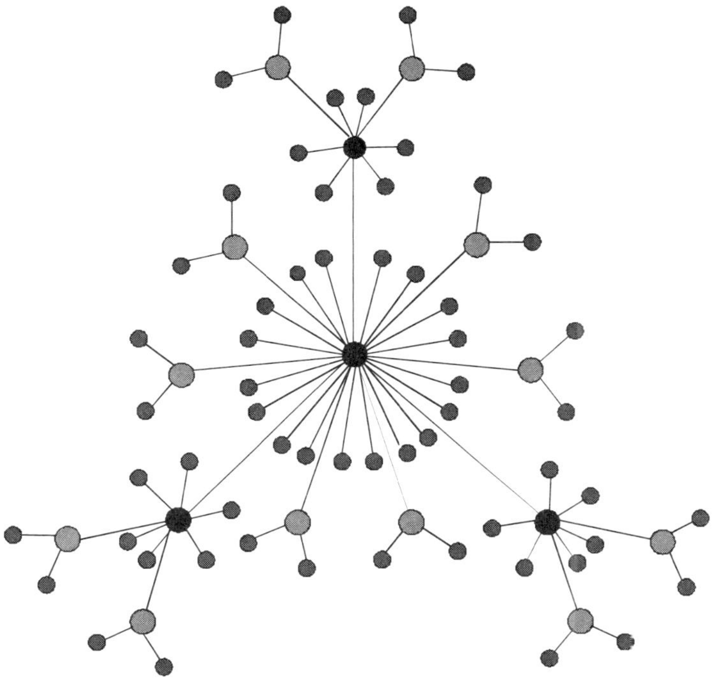

그림 15.4 자기유사성 네트워크 모형: 척도 없는 네트워크 성질을 갖는 모형. 이 구조는 자기 유사성을 갖지만 프랙탈 네트워크가 아니다.

제 16 장

시뮬레이션 프로그램 코드

제 16 장 시뮬레이션 프로그램 코드

여기서는 본문에 소개한 여러 네트워크 모델들과 네트워크의 물리량 중에서 주요한 몇 가지에 대해 프로그램 소스 코드를 예시하기로 한다. 여기 제시된 예들을 통해, 처음 네트워크 프로그래밍에 도전하는 독자들이 기본적인 지침을 얻을 수 있을 것으로 기대한다.

코드 작성에는 일반적으로 표준 C 언어(ANSI C)를 사용했으나, 프로그래밍의 편의와 독자의 이해를 돕기 위해 일부 C++의 문법을 차용하였고, 프로그램의 효율성을 크게 해치지 않는 범위 안에서 코드를 이해하기 쉽게 작성하는 데에 주력하였다.

네트워크의 구조를 메모리에 저장하고, 노드와 링크를 생성하고, 파일로 읽고 쓰는 등, 네트워크에 대한 프로그램에서 공통적, 반복적으로 사용되는 각종 루틴들은 graph.cpp라는 별도의 라이브러리로 분리되어 있다. 이에 따라 각 프로그램의 main 함수에서는 그 프로그램에 필요한 알고리즘만을 구현하면 되므로, 프로그래밍이 간결해지고 코드가 읽기 쉬워진다.

graph.cpp의 코드는 다음과 같다.

Source 0. graph.cpp

```
#include <stdio.h>
#include <stdlib.h>
#include <string.h>

typedef struct
```

```
{
   int deg;
   int *edge;
} NODE;

typedef struct
{
   int N;
   NODE *node;
   int n_edge;
} GRAPH;

typedef struct
{
   int in_deg;
   int *in_edge;
   int out_deg;
   int *out_edge;
   int icluster;
} NODE_DIRECTED_CLUSTERED;

typedef struct
{
   int n;
   int *node;
} CLUSTER;

typedef struct
{
   int N;
   NODE_DIRECTED_CLUSTERED *node;
   int n_edge;
   int n_cluster;
   CLUSTER *cluster;
}  GRAPH_DIRECTED_CLUSTERED;


int init_graph(GRAPH *gr)
{
   gr->N=0;
   gr->n_edge=0;
   gr->node=NULL;

   return 0;
}

int init_graph(GRAPH_DIRECTED_CLUSTERED *gr)
{
   gr->N=0;
   gr->n_edge=gr->n_cluster=0;
   gr->cluster=NULL;
   gr->node=NULL;

   return 0;
}

int alloc_nodes(GRAPH *gr,int N)
{
   int i,n=gr->N;

   if (n>=N)   return 0;

   gr->node=(NODE *) realloc(gr->node,sizeof(NODE)*(N+1));
```

```
    for (i=(n==0 ? 0 : n+1); i<=N; i++)
    {
        gr->node[i].deg=0;
        gr->node[i].edge=NULL;
    }
    gr->N=N;

    return 0;
}

int alloc_nodes(GRAPH_DIRECTED_CLUSTERED *gr,int N)
{
    int i,n=gr->N;

    if (n>=N)    return 0;

    gr->node=(NODE_DIRECTED_CLUSTERED *)
        realloc(gr->node,sizeof(NODE_DIRECTED_CLUSTERED)*(N+1));

    for (i=(n==0 ? 0 : n+1); i<=N; i++)
    {
        gr->node[i].icluster=gr->node[i].in_deg=gr->node[i].out_deg=0;
        gr->node[i].in_edge=gr->node[i].out_edge=NULL;
    }
    gr->N=N;

    return 0;
}

int alloc_cluster(GRAPH_DIRECTED_CLUSTERED *gr,int N)
{
    int i,n=gr->n_cluster;

    if (n>=N)    return 0;

    gr->cluster=(CLUSTER *) realloc(gr->cluster,sizeof(CLUSTER)*(N+1));

    for (i=(n==0 ? 0 : n+1); i<=N; i++)
    {
        gr->cluster[i].n=0;
        gr->cluster[i].node=NULL;
    }
    gr->n_cluster=N;

    return 0;
}

int free_graph(GRAPH *gr)
{
    int i,nn=gr->N;
    NODE *p=gr->node;

    if (p!=NULL)
    {
        for (i=0; i<=nn; i++)
        {
            if (p[i].deg)
            {
                free(p[i].edge);
                p[i].deg=0;
            }
        }
```

```
        free(p);
    }

    gr->n_edge=gr->N=0;
    gr->node=NULL;

    return 0;
}

int terminate_node(GRAPH_DIRECTED_CLUSTERED *gr)
{
    int i,n=gr->N;
    NODE_DIRECTED_CLUSTERED *p=gr->node;

    for (i=0; i<=n; i++)
    {
        if (p[i].in_deg)
        {
            free(p[i].in_edge);
            p[i].in_edge=NULL;
            p[i].in_deg=0;
        }
        if (p[i].out_deg)
        {
            free(p[i].out_edge);
            p[i].out_edge=NULL;
            p[i].out_deg=0;
        }
        p[i].icluster=0;
    }
    gr->n_edge=0;

    return 0;
}


int delete_cluster(GRAPH_DIRECTED_CLUSTERED *gr, int cl)
{
    int i,j;

    for (i=cl+1; i<=gr->n_cluster; i++)
    {
        if (gr->cluster[i-1].n)
            free(gr->cluster[i-1].node);
        gr->cluster[i-1].node=(int *) malloc(sizeof(int)*(gr->cluster[i].n+1));

        memmove(gr->cluster[i-1].node,gr->
            cluster[i].node,sizeof(int)*(gr->cluster[i].n+1));
        gr->cluster[i-1].n=gr->cluster[i].n;

        for (j=1; j<=gr->cluster[i].n; j++)
            gr->node[gr->cluster[i].node[j]].icluster--;
    }

    if (gr->cluster[gr->n_cluster].n)
        free(gr->cluster[gr->n_cluster].node);

    gr->cluster=(CLUSTER *) realloc(gr->cluster,sizeof(CLUSTER)*(gr->n_cluster));
    gr->n_cluster--;

    return 0;
}
```

```
int terminate_cluster(GRAPH_DIRECTED_CLUSTERED *gr)
{
    int i,n=gr->n_cluster;
    CLUSTER *p=gr->cluster;

    for (i=0; i<=n; i++)
    {
        if (&(p[i]))
        {
            free(p[i].node);
            p[i].node=NULL;
            p[i].n=0;
        }
    }

    return 0;
}

int free_cluster(GRAPH_DIRECTED_CLUSTERED *gr)
{
    if (gr->n_cluster)
        free(gr->cluster);

    gr->cluster=NULL;
    gr->n_cluster=0;

    return 0;
}

int reset_graph(GRAPH_DIRECTED_CLUSTERED *gr)
{
    terminate_node(gr);
    terminate_cluster(gr);
    free_cluster(gr);
    return 0;
}

int free_graph(GRAPH_DIRECTED_CLUSTERED *gr)
{
    int i,nn=gr->N,nc=gr->n_cluster;
    NODE_DIRECTED_CLUSTERED *p=gr->node;
    CLUSTER *q=gr->cluster;

    if (p!=NULL)
    {
        for (i=0; i<=nn; i++)
        {
            if (p[i].in_deg)
            {
                free(p[i].in_edge);
                p[i].in_deg=0;
            }
            if (p[i].out_deg)
            {
                free(p[i].out_edge);
                p[i].out_deg=0;
            }
        }
        free(p);
    }

    if (q!=NULL)
    {
```

```
        for (i=0; i<=nc; i++)
        {
            if (q[i].n)
            {
                free(q[i].node);
                q[i].n=0;
            }
        }
        free(q);
    }

    gr->n_cluster=gr->n_edge=gr->N=0;
    gr->cluster=NULL;
    gr->node=NULL;

    return 0;
}

int edge_exists(GRAPH *gr,int n1,int n2)
{
    int i,ns,nl,l,*p;
    int deg1=gr->node[n1].deg;
    int deg2=gr->node[n2].deg;

    if (gr->N<n1 || gr->N<n2)
        return 0;

    if (deg1<deg2)
    {   l=deg1;      ns=n1;    nl=n2;}
    else
    {   l=deg2;      ns=n2;    nl=n1;}

    // to relieve the iteration, loop for the node of small degree
    for (p=gr->node[ns].edge, i=1; i<=l; i++)
    {   if (p[i]==nl)  return 1;   }

    return 0;
}


int edge_exists(GRAPH_DIRECTED_CLUSTERED *gr,int n1,int n2)
{
    int i,*p;
    int deg1=gr->node[n1].out_deg;
    int deg2=gr->node[n2].in_deg;

    if (gr->N<n1 || gr->N<n2)
        return 0;

    if (deg1<deg2)
    {
        for (p=gr->node[n1].out_edge,i=1; i<=deg1; i++)
            if (p[i]==n2)
                return 1;
    }
    else
    {
        for (p=gr->node[n2].in_edge, i=1; i<=deg2; i++)
            if (p[i]==n1)
                return 1;
    }

    return 0;
```

```
}

int link_nodes(GRAPH *gr,int n1,int n2)
{
   int deg1=gr->node[n1].deg;
   int deg2=gr->node[n2].deg;

   if (edge_exists(gr,n1,n2))
      return 0;

   gr->node[n1].edge=(int *) realloc(gr->node[n1].edge,sizeof(int)*(deg1+2));
   gr->node[n2].edge=(int *) realloc(gr->node[n2].edge,sizeof(int)*(deg2+2));

   gr->node[n1].edge[++gr->node[n1].deg]=n2;
   gr->node[n2].edge[++gr->node[n2].deg]=n1;

   gr->n_edge++;

   return 0;
}

int link_nodes(GRAPH_DIRECTED_CLUSTERED *gr, int n1, int n2)
{
   int deg1=gr->node[n1].out_deg;
   int deg2=gr->node[n2].in_deg;

   if (edge_exists(gr,n1,n2))
      return 0;

   gr->node[n1].out_edge=(int *)
       realloc(gr->node[n1].out_edge,sizeof(int)*(deg1+2));
   gr->node[n2].in_edge=(int *)
       realloc(gr->node[n2].in_edge,sizeof(int)*(deg2+2));

   gr->node[n1].out_edge[++gr->node[n1].out_deg]=n2;
   gr->node[n2].in_edge[++gr->node[n2].in_deg]=n1;

   gr->n_edge++;

   return 0;
}

int set_node_to_cluster(GRAPH_DIRECTED_CLUSTERED *gr,int nd,int cl)
{
   int n,*p;

   alloc_cluster(gr,cl);
   n=gr->cluster[cl].n;
   p=gr->cluster[cl].node;

   p=(int *) realloc(p,sizeof(int)*(n+2));
   p[n+1]=nd;

   gr->cluster[cl].node=p;
   gr->cluster[cl].n++;
   gr->node[nd].icluster=cl;

   return 0;
}

int read_graph(GRAPH *gr,char *fn)
{
   int n1,n2;
```

```
    FILE *fp=fopen(fn,"r");

    init_graph(gr);

    while (fscanf(fp,"%d␣%d\n",&n1,&n2)>0)
    {
        alloc_nodes(gr,(n1<n2?n2:n1));
        link_nodes(gr,n1,n2);
    }
    fclose(fp);

    return 0;
}

int print_graph(GRAPH *gr,char *fn)
{
    int i,j,n=gr->N,l;
    FILE *fp=fopen(fn,"w");

    for (i=1; i<=n; i++)
    {
        l=gr->node[i].deg;
        for (j=1; j<=l; j++)
        {   fprintf(fp,"%d␣%d\n",i,gr->node[i].edge[j]); }
    }
    fclose(fp);

    return 0;
}

int print_graph(GRAPH_DIRECTED_CLUSTERED *gr,char *fn)
{
    long i,j,n=gr->N,l;
    FILE *fp=fopen(fn,"w");

    for (i=1; i<=n; i++)
    {
        l=gr->node[i].out_deg;
        for (j=1; j<=l; j++)
        {   fprintf(fp,"%d␣%d\n",i,gr->node[i].out_edge[j]);    }
    }
    fclose(fp);

    return 0;
}
```

ba.cpp는 척도 없는 네트워크 모형 중에서 최초로 소개된 BA 모형을 구현했다(본문 6.1절). 또한, 입력 변수의 변경만으로 도로고체프 등에 의해 제안된 일반화한 BA 모형 네트워크도 생성 가능하다. 자세한 설명은 코드 중에 주석으로 처리되어 있으니 참고하기 바란다.

ba.cpp의 코드는 다음과 같다.

Source 1. ba.cpp

```
#include <stdio.h>
#include <stdlib.h>
#include <time.h>

#include "graph.cpp"

/*
 - BA model, and its extended version by Dorogovtsev et al.
 - input parameters:
   N: total number of nodes
   m: the number of edges that a new node makes.
   gamma: degree exponent, where gamma=3+a
 - output file:
   2-column network file. an edge exists between the two nodes at each row.
*/

// random number generating function "drand48" is only compatible
// in some Linux/Unix based compiler. refer to "SVID" for details.
#ifndef __USE_SVID
#define drand48() (double)rand()/RAND_MAX
#define srand48(s) srand(s)
#endif

int main(int argc, char *argv[])
{
    char fn[32];
    double sum,s,a,p;
    int i,j,k,N,m;
    GRAPH gr;

    if (argc<4)
    {
        printf("%s [N] [m] [gamma]\n", argv[0]);
        return 0;
    }

    N=atoi(argv[1]);
    m=atoi(argv[2]);
    a=atof(argv[3])-3.0;

    // initialize graph struct
    init_graph(&gr);
    alloc_nodes(&gr,N);
    srand48(time(NULL));

    // "m" of initial nodes (seeds) are needed
    // they are assumed to be fully connected to one another
    for (sum=0.0,i=1; i<=m+1; i++)
    {
        for (j=i+1; j<=m+1; j++)
        {  link_nodes(&gr,i,j); }
        sum+=(double)m+a;
        // sum: total summation of (degree[i]+a),
    }

    for (i=m+2; i<=N; i++)
    // each new node is linked to a pre-existing node,
    // chosen by probability ~(degree[i]+a)
    {
        for (j=1; j<=m; j++)
        // "m" of links are made for each new node
```

```
    {
        do
        {
            k=0;    s=0.0;
            p=sum*drand48();
            do
            {
                k++;
                s+=(double)(gr.node[k].deg)+a;
            } while (p>s);
        } while (edge_exists(&gr,i,k));
        link_nodes(&gr,i,k);
        sum+=1.0;
    }
    sum+=(double)m+a;
}

sprintf(fn,"ba.N%d_g%.1f_m%d.net",N,a+3.0,m);
print_graph(&gr,fn);

free_graph(&gr);

return 0;
}
```

static.cpp는 static 모형을 구현한 것이다(본문 6.4절). static 모형의 여러 장점에 대해서는 본문에서 이미 설명한 바 있으나, 프로그래밍의 측면에서 보면 static 모형은 BA 모형보다 계산 속도가 훨씬 빠르다는 장점이 있다. 생성되는 네트워크의 전체 노드 수를 N이라 할 때, BA 모형으로 네트워크를 만드는 데는 N^2에 비례하는 시간이 소요되는 반면, static 모형의 경우는 N에 비례하는 시간만이 소요될 뿐이다. 이는 static 모형의 생성 알고리즘에서 각 노드가 선택될 확률이 변하지 않기 때문에 가능하다. 이러한 경우 로빈 훗(Robin Hood) 알고리즘을 사용할 수 있는데, 이 알고리즘은 어떠한 항목(여기서는 노드)을 주어진 확률 분포에 따라 선택하는 데 걸리는 시간을 시스템의 전체 항목 수와 관계 없이 일정하게 만들어 준다.

static.cpp의 코드는 다음과 같다.

Source 2. static.cpp

```
#include <stdio.h>
```

```
#include <stdlib.h>
#include <time.h>
#include <math.h>

#include "graph.cpp"

/*
 - The static model.
 - input parameters:
  N: total number of nodes
  m: half of mean degree. total number of edge becomes N*m
  gamma: degree exponent, where gamma=1+1/a or a=1/(gamma-1)
 - output file:
  2-column network file. an edge exists between the two nodes at each row.
*/

// random number generating function "drand48" is only compatible
// in some Linux/Unix based compiler. refer to "SVID" for details.
#ifndef __USE_SVID
#define drand48() (double)rand()/RAND_MAX
#define srand48(s) srand(s)
#endif

int main(int argc, char *argv[])
{
    int N,L,i,n1,n2,*Y,K,n_poor,n_rich,*rich,*poor;
    double m,a,gamma,*p,*P;
    char fn[100];
    GRAPH gr;

    if (argc<4)
    {
        printf("%s [N] [gamma] [m]\n", argv[0]);
        return 0;
    }
    gamma=atof(argv[2]); a=1.0/(gamma-1.0);
    N=atol(argv[1]);
    m=atof(argv[3]);
    L=(int)(N*m);

    P=(double *) malloc((N+1)*sizeof(double));
    p=(double *) malloc((N+1)*sizeof(double));
    Y=(int *) malloc((N+1)*sizeof(int));
    rich=(int *) malloc((N+1)*sizeof(int));
    poor=(int *) malloc((N+1)*sizeof(int));

    // initialize graph struct
    init_graph(&gr);
    alloc_nodes(&gr,N);
    srand48(time(NULL));

    // two nodes are linked, chosen by probability ~(i^{-a})
    // set table for "robin hood" algorithm
    for(p[0]=0.0,i=1; i<=N; i++)
    {
        p[i]=pow(i,-a);
        p[0]+=p[i];
    }
    for(n_poor=n_rich=0,i=1; i<=N; i++)
    {
        p[i]/=p[0];
        if(p[i]>1.0/(double)N)
        {   rich[++n_rich]=i; }
```

```
    else
    {   poor[++n_poor]=i; }
}

for (i=N; i>1; i--)
{
    n1=poor[n_poor];
    n2=rich[n_rich];

    if (n_poor==0)
    {   n1=n2=rich[n_rich--];    }
    else if (n_rich==0)
    {   n1=n2=poor[n_poor--];    }
    else
    {
        P[n1] =N*p[n1]; Y[n1]=n2;
        p[n2]-=(1.0/(double)N-p[n1]);
        if (p[n2]>1.0/(double)N) // still rich
        {   n_poor--;   }
        else                    // new poor
        {   poor[n_poor]=rich[n_rich--];  }
    }
}
if(n_poor) n1=poor[1];
else if(n_rich) n1=rich[1];
P[n1]=p[n1]*N; Y[n1]=n1;

for (i=1; i<=L; i++)
// repeating node-pair selection N*m times ...
{
    do
    {
        K=(int)(drand48()*(double)N)+1;
        if (drand48()<P[K])
        {   n1=K; }
        else
        {   n1=Y[K];}

        K=(int)(drand48()*(double)N)+1;
        if (drand48()<P[K])
        {   n2=K; }
        else
        {   n2=Y[K];}

    } while (n1==n2 || edge_exists(&gr,n1,n2) );

    link_nodes(&gr,n1,n2);
}

sprintf(fn,"st.N%d_g%.1f.net",N,gamma);
print_graph(&gr,fn);


free_graph(&gr);
free(Y); free(p); free(P);
free(rich);     free(poor);

return 0;
}
```

load.cpp는 본문 11.1절에서 소개한 최단 경로 수송 문제에서의 부하를 구하는 프로그램으로, 뉴우만이 도입한 빠른 알고리즘에 의한 계산 방법을 적용하였다. 여기 제시하는 코드는 부하만을 구하는 것으로 되어있으나, 아주 약간의 수정 보완을 가하면 중앙성을 구하는 코드도 쉽게 작성할 수 있으므로, 관심 있는 독자는 도전해 보기 바란다.

load.cpp의 코드는 다음과 같다.

Source 3. load.cpp

```
#include <stdio.h>
#include <stdlib.h>

#include "graph.cpp"

/*
 - Compute the "vertex load" of each node.
 - input parameters:
   net: 2-column network file. index of the first node is 1.
*/

int burn_find_shortest_path(GRAPH *gr,GRAPH_DIRECTED_CLUSTERED *tr,long x);

int main(int argc, char *argv[])
{
   char str[1000];
   double *ld,*lp;
   int i,j,k,l,n1,n2,N,deg;
   GRAPH gr;
   GRAPH_DIRECTED_CLUSTERED tr;
   FILE *fo;

   if (argc<2)
   {
      printf("%s␣[net]\n",argv[0]);
      return 0;
   }

   read_graph(&gr,argv[1]);
   N=gr.N;

   ld=(double *) calloc((N+1),sizeof(double));
   lp=(double *) malloc((N+1)*sizeof(double));
   init_graph(&tr);
   alloc_nodes(&tr,N);

   for (i=1; i<=N; i++)
   {
      // by burning algorithm, the shortest path to the center node "i"
      // from all the other nodes, is found and stored to "tr"
      burn_find_shortest_path(&gr,&tr,i);

      // initialize the load for each node
      for (j=1; j<=N; j++)
      {  lp[j]=1.0;  }
```

```
    lp[i]=0.0;      // center node

    for (j=tr.n_cluster; j>1; j--)
    // starting from the bottom nodes ...
    {
      for (k=1; k<=tr.cluster[j].n; k++)
      {
        n1=tr.cluster[j].node[k];
        // follow the direction of edges to neighboring nodes.
        deg=tr.node[n1].out_deg;
        for (l=1; l<=deg; l++)
        {
          n2=tr.node[n1].out_edge[l];
          lp[n2]+=lp[n1]/(double)deg;
          // "partial load value" is accumulated to upper nodes,
        } // divided equally by the number of pathes (=out degrees).
        ld[n1]+=lp[n1];
      }
    }
    ld[i]+=lp[i];

    reset_graph(&tr);
  }

  // load at each node is printed to output file
  sprintf(str,"%s.ld",argv[1]);
  fo=fopen(str,"w");
  for (i=1; i<=N; i++)
  {  fprintf(fo,"%d %lf\n",i,ld[i]);  }
  fclose(fo);

  free_graph(&gr);
  free_graph(&tr);

  free(ld);
  free(lp);

  return 0;
}

int burn_find_shortest_path(GRAPH *gr,GRAPH_DIRECTED_CLUSTERED *tr,long x)
// "tr" becomes directed-clustered-network,
// whose each links are shortest path to x.
// every link direction is "to the center" and,
// cluster is set as the "level" from the center
{
  int i,j,nd,nb,level=1,n=gr->N;
  alloc_cluster(tr,2);

  // center node, x, is at the level "1".
  // others are initialized to be "0"
  for (i=1; i<=n; i++)
  {  set_node_to_cluster(tr,i,0);  }
  set_node_to_cluster(tr,x,1);

  do
  {
    for (i=1; i<=tr->cluster[level].n; i++)
    // for all the nodes on this level ...
    {
      nd=tr->cluster[level].node[i];
      for (j=1; j<=gr->node[nd].deg; j++)
      {
```

```
            nb=gr->node[nd].edge[j];
            // check the nearest neighbors

            if (tr->node[nb].icluster==0)
            // if they are newly found or not.
            // if so, that node should be in next level
            {
               alloc_cluster(tr, level+2);
               set_node_to_cluster(tr,nb,level+1);
            }

            if (tr->node[nb].icluster==tr->node[nd].icluster+1)
            // if level is different by 1, link them
            // (multiple pathes are possible)
            {  link_nodes(tr,nb,nd);    }
         }
      }
      level++;
   } while(tr->cluster[level].n);
   delete_cluster(tr,level);

   return 0;
}
```

참고문헌

[1] A.-L. Barabási, *Linked: The New Science of Networks*(Perseus Press, New York, 2002).

[2] M. Buchanan, *Nexus: Small Worlds and the Groundbreaking Science of Networks*(W.W. Norton & Co, New York, 2002).

[3] D. J. Watts, *Six Degrees: The Science of a Connected Age*(New York: Norton, 2003).

[4] B.A. Huberman, *The Laws of the Web*(MIT Press, Cambridge, MA, 2001).

[5] S.A. Kauffman, *The origin of order: Self-organization and selection in evolution*(Oxford University Press, New York, Oxford, 1993).

[6] S. Bornholdt and H. G. Schuster, ed., *Handbook of Graphs and Networks: From the Genome to the Internet*(Germany: Wiley-VCH, 2003).

[7] S. N. Dorogovtsev and J. F. F. Mendes, *Evolution of Networks: From Biological Nets to the Internet and WWW*(New York: Oxford University Press, 2003).

[8] B. Bollobás, 2nd Ed. *Random Graphs*(England: Cambridge University Press, 2001).

[9] P. Baldi, P. Frasconi and P. Smyth, *Modeling the Internet and the Web: Probabilistic Methods and Algorithms*(England: John Wiley & Sons, 2003).

[10] R. Albert and A.-L. Barabási, Rev. Mod. Phys. **47,** 74(2002).

[11] S. N. Dorogovtsev and J. F. F. Mendes, Adv. Phys. **51**, 1079(2002).

[12] M. E. J. Newman, SIAM Review **45**, 167(2003).

[13] S. Milgram, *Psychology Today* **2**, 60(1967).

[14] 김용학, 『사회연결망 이론』(박영사, 서울:2004).

[15] I de S. Pool and M. Kochen, Social networks **1** 1-48(1978).

[16] M. Gladwell, *Tipping point*(Boston, Little Brown 2000); 임옥희 역, 『티핑포인트』(서울: 이끌리오).

[17] *Estimating Acquaintanceship Volume*, in the small world, edited by M. Kochen, 147-58(Norwood, NJ: Ablex 1989).

[18] P. Erdős and A. Rényi, Publ. Math. Inst. Hung. Acad. Sci. **5**, 17(1960); Bull. Inst. Int. Stat. **38**, 343(1961).

[19] S. Wasserman and K. Faust, *Social Network Analysis*(Cambridge University Press, Cambridge, 1994).

[20] D. J. Watts and S. H. Strogatz, Nature(London) **393**, 440(1998).

[21] R. Albert, H. Jeong, and A.-L. Barabási, *Nature* **401**, 130(1999).

[22] B. A. Huberman and L. A. Adamic, Nature **401,** 131(1999).

[23] A. L. Barabási and R. Albert, and H. Jeong, Physica A **272,** 173(1999).

[24] R. Cohen and S. Havlin, Phys. Rev. Lett. **90,** 058701(2003).

[25] K. Ziemelis and L. Allen, Nature(London) **410**, 241(2001) and following review articles on complex systems.

[26] R. Gallagher and T. Appenzeller, Science **284**, 87(1999) and following viewpoint articles on complex systems.

[27] G. Parisi, Physica **263A,** 557(1999).

[28] Z. N. Oltvai and A.-L. Barabási, Science **298,** 763(2002).

[29] C. Song, S. Havlin, and H. A. Makse, Nature(London) **433**, 392(2005).

[30] K.-I. Goh, B. Kahng, and D. Kim, Phys. Rev. Lett. **87,** 278701 (2001).

[31] L. Freeman, Sociometry **40,** 35(1977).

[32] K.-I. Goh, E. Oh, B. Kahng and D. Kim, Proc. Natl. Acad. Sci. USA **99,** 12583(2002).

[33] K.-I. Goh, G. Salvi, B. Kahng and D. Kim, Phys. Rev. Lett. **96,** 018701(2006).

[34] D.-H. Kim, J.D. Noh, and H. Jeong, Phys. Rev. E **70**, 046126(2004).

[35] S.N. Dorogovtsev and J.F.F. Mendes, Phys. Rev. E **63**, 025101(R)(2001).

[36] V. Pareto, *Cours d'Economie Politique*, vol.2(Université de Lausanne, Lausanne, 1897).

[37] B.C. Arnold, *Pareto distribution*(Encyclopedia of Statistical Sciences, V.6, John Wiley & Sons, 1985).

[38] E.V. Koonin, Y.I. Wolf, and G.P. Karev, Nature(London) **420**, 218(2002).

[39] R. Pastor-Satorras, A. Vázquez, A. Vespignani, Phys. Rev. Lett. **87**, 258701(2001).

[40] P.L. Krapivsky and S. Redner, Phys. Rev. E **63,** 066123(2001).

[41] M. E. J. Newman, Phys. Rev. Lett. **89**, 208701(2002).

[42] E. Ravasz, A. L. Somera, D. A. Mongru, Z. N. Oltvai, and A.-L. Barabasi, Science **297**, 1551(2002).

[43] B. Jiang and C. Claramunt, Environmental and Planning **B31,** 151(2004); A. Fronczak, J.A. Holyst, M. Jedynak, and J. Sienkiewicz, Physica A **316,** 688(2002).

[44] S.N. Dorogovtsev, Phys. Rev. E **69,** 027104(2004).

[45] B. Bollobás, Discrete Math. **33,** 1(1981).

[46] F. Chung and L. Lu, Adv. Appl. Math. **26,** 257(2001).

[47] D. S. Callaway, J. E. Hopcroft, J. M. Kleinberg, M. E. J. Newman, and S. H. Strogatz, Phys. Rev. E **64,** 041902(2001).

[48] S. N. Dorogovtsev, J. F. F. Mendes, and A. N. Samukhin, Phys. Rev. E **64,** 066110(2001).

[49] M. Barthélémy and L.A.N. Amaral, Phys. Rev. Lett. **82,** 3180(1999): Erratum: Phys. Rev. Lett. **82,** 5180(1999).

[50] R. Kumar, P. Raghavan, S. Rajagopalan, D. Sivakumar, A. Tomkins, and E. Upfal, *The Web as a graph*, Proceedings of the 19th ACM Symposium on Principles of Database Systems, pp. 1-10(2000).

[51] R. Kumar, P. Raghavan, S. Rajagopalan, D. Sivakumar, A. Tomkins, and E. Upfal, *Stochastic models for the web graph*, Proceedings of the 41th IEEE Symposium on Principles on Foundations of Computer Science.

[52] R. Kumar, P. Raghavan, S. Rajagopalan, and A. Tomkins, *Extracting large-scale knowledge bases from the web*, Proceedings of the 25th VLDB Conference, Edinburg, p. 639(1999).

[53] R. Kumar, P. Raghavan, S. Rajagopalan, and A. Tomkins, *Trawling the Web for emerging cyber-communities*, http://www.almaden.ibm.com/cs/k53/trawing.ps of Database Systems, pp. 1-10(1999).

[54] A. Broder, R. Kumar, F. Maghoul, P. Raghavan, S. Rajagopalan, R. Stata, A. Tomkins, and J. Wiener, *Graph structure in the web*, Comput. Netw. **33,** 309(2000).

[55] B. Kahng, Y. Park and H. Jeong, Phys. Rev. E **66,** 046107(2002).

[56] M. Faloutsos, P. Faloutsos, and C. Faloutsos, Comput. Commun. Rev. **29**, 251(1999).

[57] K.-I. Goh, B. Kahng, and D. Kim, Phys. Rev. Lett. **88,** 108701(2002).

[58] E. Ravasz and A.-L. Barabási, Phys. Rev. E **67,** 026112(2003).

[59] IMDb.com.

[60] A.-L. Barabási and R. Albert, Science **286**, 509(1999).

[61] see Reference[23] and [59].

[62] S. Redner, Eur. Phys. J. B **4,** 131(1998).

[63] C. Tsallis and M.P. de Albuquerquer, Eur. Phys. J. B **13,** 777(2000).

[64] A. Vázquez, Preprint(cond-mat/0105031)(2001).

[65] S. A. Kauffman, *The origin of order: Self-organization and selection in evolution*(Oxford University Press, New York, Oxford).

[66] H. Jeong, B. Tombor, R. Albert, Z.N. Oltvai, and A.-L. Barabási, Nature(London) **407**, 651(2000).

[67] A. Wagner and D. A. Fell, Proc. R. Soc. London B **268,** 1803(2001).

[68] H.-W. Ma and A.-P. Zeng, Bioinformatics **19,** 1423(2003).

[69] J. C. Venter et al., Science **291,** 1304(2001).

[70] E. F. Keller, *The Century of the Gene*(Cambridge, Mass.: Harvard University Press, 2000).

[71] S. Fields and O. Song, *A Novel Genetic System to Detect Protein-Protein Interactions*, Nature **340,** 245(1989).

[72] L. Zhu and G. J. Hannon, eds., *Yeast Hybrid Methods*(Natick, MA: Eaton, 2000).

[73] P. Uetz *et al.* Nature(London) **403,** 623(2000).

[74] T. Ito *et al.* Proc. Nat'l. Acad. Sci. USA **97,** 1143(2000).

[75] T. Ito *et al.* Proc. Nat'l. Acad. Sci. USA **98,** 4569(2001).

[76] I. Xenarios, L. Salwinski, X. J. Duan, P. Higney, S.-M. Kim, and D. Eisenberg, Nucleic Acids Res. **30**, 303(2002).

[77] H. W. Mewes, D. Frishman, U. Guldener, G. Mannhaupt, K. Mayer, M. Mokrejs, B. Morgenstern, M. Munsterkotter, S. Rudd, and B. Weil, Nucleic A cids Res. **30**, 31(2002).

[78] H. Jeong, S. P. Mason, A.-L. Barabási, and Z. N. Oltvai, Nature(London) **411**, 41(2001).

[79] S. Maslov and K. Sneppen, Science **296**, 910(2002).

[80] S. N. Dorogovtsev, J. F. F. Mendes, and A. N. Samukhin, Phys. Rev. Lett. **85,** 4633(2000).

[81] P. L. Krapivsky, S. Redner, and F. Leyvraz, Phys. Rev. Lett. **85,** 4629(2000).

[82] P. L. Krapivsky and S. Redner, J. Phys. A **35,** 9517(2002).

[83] G. Bianconi and A.-L. Barabási, Europhys. Lett. **54,** 439(2001).

[84] G. Bianconi and A.-L. Barabási, Phys. Rev. Lett. **86,** 5632(2001).

[85] C.W. Gardiner, *Handbook of Stochastic Methods*(Sprin ger-Verlag, Berlin, 1983).

[86] G. Caldarelli, A. Capocci, P. De Los Rios, and M.A. Muñoz, Phys. Rev. Lett. **89,** 258702(2002).

[87] E.A. Bender and E.R. Canfield, Combin. Theor. A **24,** 296(1978).

[88] M. Molloy and B. Reed, Random Struct. Algorithms **6**, 161(1995); M. Molloy and B. Reed, Combinatorics, Probab. Comput. **7**, 295 (1998).

[89] M. Catanzaro, M. Boguñá, and R. Pastor-Satorras, Phys. Rev. E **71,** 027103(2005).

[90] F. Chung and L. Lu, Ann. Combinatorics **6**, 125(2002).

[91] R. Albert and A.-L. Barabási, Phys. Rev. Lett. **85,** 5234(2000).

[92] R.V. Solé, R. Pastor-Satorras, E.D. Smith, and T. Kepler, Adv. Compl. Syst. **5**, 43(2002).

[93] J. Kim, P. L. Krapivsky, B. Kahng, and S. Redner, Phys. Rev. E, **66,** 055101(2002).

[94] A. Vázquez, A. Flammini, A. Maritan, and A. Vespignani, ComPlexUs **1**, 38(2003).

[95] J. Berg, M. Lässig, and A. Wagner, e-print(http://arxiv.org/abs/cond-mat/0207711)(2002).

[96] G. P. Karev, Y. I. Wolf, A. Y. Rzhetsky, F. S. Berezovs kaya, and E. V. Koonin, BMC Evol. Biol. **14**, 18(2002).

[97] S. Wuchty, Mol. Biol. Evol. **18**, 1694(2001).

[98] J. Park, M. Lappe, and S.A. Teichmann, J. Mol. Biol. **307**, 929(2001).

[99] K.-I. Goh, B. Kahng, and D. Kim, J. Kor. Phys. Soc. **46,** 565(2005).

[100] E. M. Jin, M. Girvan and M. E. J. Newman, Phys. Rev. E **64,** 046132(2001).

[101] D. J. Watts, P. S. Dodds, and M. E. J. Newman, Science **296,** 1302(2002); Proc. Natl. Acad. Sci. USA **99,** 5766(2002).

[102] J. M. Kleinberg, in T. G. Dietterich, S. Becker, and Z. Ghahramani(eds.), *Proceedings of the 2001 Neural Information Processing Systems Conference*(MIT Press, Cambridge, MA, 2002).

[103] D.-H. Kim, B. Kahng, and D. Kim, Eur. Phys. J. B **38,** 193(2004).

[104] F. Igloi and L. Turban, Phys. Rev. E **66,** 036140(2002).

[105] A. V. Goltsev, S. N. Dorogovtsev, and J. F. F. Mendes, Phys. Rev. E **67,** 026123(2003).

[106] S. N. Dorogovtsev, A. V. Goltsev, and J. F. F. Mendes(cond-mat/0310693).

[107] G. Arfken, *Mathematical Methods for Physicists*(Academic, Orlando, 1985).

[108] C.M. Bender and S.A. Orszag, p. 251 in *Advanced mathematical methods for scientists and engineers*(McGraw-Hill, 1978).

[109] S. Redner, *A guide to first-passage processes*(Cambridge University Press, Cambridge, 2001).

[110] D. Stauffer and A. Aharony, *Introduction to Percolation*(London: Taylor & Francis).

[111] T. E. Harris, *The Theory of Branching Processes*(Springer-Verlag, Berlin, 1963).

[112] R. Otter, Ann. Math. Statist. **20,** 206(1949).

[113] R. Cohen, K. Erez, D. ben-Avraham, and S. Havlin, Phys. Rev. Lett. **85,** 4625(2000).

[114] D. S. Callaway, M. E. J. Newman, S. H. Strogatz, and D. J. Watts, Phys. Rev. Lett. **85,** 5468(2000).

[115] P.W. Kasteleyn, C.M. Fortuin, J. Phys. Soc. Jpn. Suppl. **16,** 11(1969); C.M. Fortuin, P.W. Kasteleyn, Physica **57,** 536(1972).

[116] F.Y. Fu, Rev. Mod. Phys. **54,** 235(1982).

[117] D.-S. Lee, K.-I. Goh, B. Kahng, and D. Kim, Nucl. Phys. B **696,** 351(2004).

[118] R. Albert, H. Jeong, and A.-L. Barabási, Nature **406,** 378(2000).

[119] R. Cohen, K. Erez, D. ben-Avraham, and S. Havlin, Phys. Rev. Lett. **86,** 3682(2001).

[120] B. A. Carreras, D. E. Newman, I. Dobson, and A.B. Poole, Hawaii International Conference on System Sciences, IEEE(2001).

[121] M. L. Sachtjen, B. A. Carreras, and V. E. Lynch, Phys. Rev. E **61,** 4877(2000).

[122] D. J. Watts, Proc. Nat. Acad. Sci. USA **99**, 5766(2002).

[123] D.-H. Kim, B.J. Kim, H. Jeong, Phys. Rev. Lett. **94,** 025501(2005).

[124] A. E. Motter and Y.-C. Lai, Phys. Rev. E **66**, 065102(R)(2002).

[125] E.J. Lee, K.-I. Goh, B. Kahng and D. Kim, Phys. Rev. E **71,** 056108(2005).

[126] A.E. Motter, Phys. Rev. Lett. **93,** 098701(2004).

[127] K.-I. Goh, D.-S. Lee, B. Kahng, and D. Kim, Phys. Rev. Lett. **91,** 148701(2003).

[128] P. Holme and B. J. Kim, Phys. Rev. E **65**, 066109(2002).

[129] Y. Moreno, R. Pastor-Satorras, A. Vazquez and A. Vespignani, Europhys. Letts. **62**, 292(2003).

[130] P. Holme, B. J. Kim, C. N. Yoon and S. K. Han, Phys. Rev. E **65,** 056109(2002).

[131] M. E. J. Newman, Phys. Rev. E **64,** 016132(2001).

[132] U. Brandes, J. Math. Sociol. **25,** 163(2001).

[133] M. Barthélemy, Phys. Rev. Lett. **91,** 189803(2003).

[134] K.-I. Goh, C.M. Ghim, B. Kahng and D. Kim, Phys. Rev. Lett. **91,** 189804(2003).

[135] G. Bianconi and A. Capocci, Phys. Rev. Lett. **90,** 078701(2003).

[136] K.-I. Goh, E. Oh, B. Kahng, and D. Kim, Phys. Rev. E **67,** 017101(2003).

[137] R. Monasson, Eur. Phys. J. B **12,** 555(1999).

[138] J.D. Noh and H. Rieger, Phys. Rev. Lett. **92,** 118701(2004).

[139] K.A. Eriksen, I. Simonsen, S. Maslov, and K. Sneppen, Phys. Rev. Lett. **90,** 148701(2003).

[140] M. Girvan and M. E. J. Newman, Proc. Natl. Acad. Sci. USA **99,** 7821(2002).

[141] V. Gudkov, J.E. Johnson, and S. Nussinov(cond-mat/0209111).

[142] H. Zhou, Phys. Rev. E **67,** 061901(2003).

[143] F. Wu, B.A. Huberman(cond-mat/0310600).

[144] J. Reichardt and S. Bornholdt, Phys. Rev. Lett. **93,** 218701(2004); Phys. Rev. E **74,** 016110(2006).

[145] Y. Fu and P.W. Anderson, J. Phys. A **19,** 1605(1986).

[146] M. Blatt, S. Wiseman, and E. Domany, Phys. Rev. Lett. **76,** 3251(1996).

[147] M.E.J. Newman(cond-mat/0309045).

[148] Z. Li, S. Zhang, R.-S. Wang, X.-S. Zhang, and L. Chen, Phys. Rev. E **77,** 036109(2008).

[149] A. Barrat, M. Barthelemy, R. Pastor-Satorras, and A. Vespignani, Proc. Natl. Acad. Sci. U.S.A. **101**, 3747(2004).

[150] A. Barrat, M. Barthelemy, and A. Vespignani, Phys. Rev. Lett. **92,** 228701(2004).

[151] K.-I. Goh, B. Kahng and D. Kim, Phys. Rev. E **72,** 017103(2005).

[152] G. Bianconi, Europhys. Lett. **71**, 1029(2005).

[153] W.-X. Wang, B.-H. Wang, B. Hu, G. Yan, and Q. Ou, Phys. Rev. Lett. **94**, 188702(2005).

[154] L. A. Braunstein, S. V. Buldyrev, R. Cohen, S. Havlin, and H.E. Stanley, Phys. Rev. Lett. **91**(2003).

[155] S.N. Dorogovtsev, A.V. Goltsev, J.F.F. Mendes, and A.N. Samukin, Phys. Rev. E **68**, 046109(2003).

[156] D. Kim and B. Kahng, Chaos **17,** 026115(2007).

[157] G.J. Rodgers and A.J. Bray, Phys. Rev. B **37,** 3557(1988).

[158] G.J. Rodgers, K. Austin, B. Kahng and D. Kim, J. Phys. A: Math. Gen. **38**, 9431(2005).

[159] A.E. Motter, C. Zhou and J. Kurths, Europhys. Lett. **69**, 334(2005).

[160] E. Oh, D.-S. Lee, B. Kahng, and D. Kim, Phys. Rev. E **75**, 011104(2007).

[161] R. Rammal and G. Toulouse, J. Physique Lett. **44**, L13(1983).

[162] S. Alexander and R. Orbach, J. Physique Lett. **43**, L625(1982).

[163] Z. Burda, J. D. Correia and A. Krzywicki, Phys. Rev. E **64**, 046118(2001).

[164] C. Destri and L. Donetti, J. Phys. A: Math. Gen. **35**, 9499(2002).

[165] C. Song, S. Havlin, and H. A. Makse, Nature(London) **433**, 392(2005).

[166] K.-I. Goh, G. Salvi, B. Kahng, and D. Kim, Phys. Rev. Lett. **96**, 018701(2006).

[167] J.S. Kim, K.-I. Goh, G. Salvi, E. Oh, B. Kahng and D. Kim, Phys. Rev. E **75,** 016110(2007).

저자 소개

강병남(姜秉南) 서울대학교 물리학과 졸업
보스턴대학교 대학원 물리학과 졸업(물리학박사)
현재 서울대학교 물리천문학부 교수

아산재단 연구보고서 제124집
복잡계 네트워크 과학
-21세기의 정보과학-
값 11,500원

2010년 2월 15일 1판 1쇄
2017년 2월 25일 1판 4쇄

저 자 강 병 남
발 행 인 임 동 규
발 행 처 **집 문 당**
등 록 1971. 3. 23. 제300-2012-69호
영 업 부 10881 경기도 파주시 광인사길 85
(02)743-3192~3 팩스(02)742-4657
전자우편 sale@jipmoon.co.kr
편 집 부 03134 서울시 종로구 돈화문로 82 집문당빌딩 5층
(02)743-3096~7 팩스(02)743-0227
전자우편 edit@jipmoon.co.kr
홈페이지 www.jipmoon.co.kr

ISBN 978-89-303-1431-2

이 도서의 국립중앙도서관 출판예정도서목록(CIP)은 e-CIP 홈페이지
(http://www.nl.go.kr/kolisnet)에서 이용하실 수 있습니다.(CIP제어번호: CIP2009004255)

아 | 산 | 재 | 단 | 연 | 구 | 총 | 서

1 전환기의 중국경제
김윤환 외 | 단국대 경제학과

2 폴란드 경제의 변천 개혁과 그 전망
김광수 | 숭실대 경제학과

3 재소한인
이광규 외 | 서울대 인류학과

4 소련산림과 임업
홍성천 외 | 경북대 임학과

5 아세안의 정치경제
김국진 외 | 외교안보연구원

6 태국의 사회변동과 경제발전
최석만 외 | 전남대 사회학과

7 중국의 사회경제 통계분석
신한풍 외 | 고려대 통계학과

8 중국의 정치와 경제
박두복 외 | 외교안보연구원

9 동유럽의 개혁과 시장경제의 도입
허만 외 | 부산대 사범대학

10 동유럽의 개혁운동
박영신 | 연세대 사회학과

11 현대 러시아 연구
기연수 외 | 한국외대 노어과

12 전략적 선택과 기업의 국제경쟁력
이장호 | 서강대 경영대학

13 협동사회의 정착과 정부의 역할
이종범 외 | 고려대 행정학과

14 한국 제조기업 생산성의 동적 분석
노부호 외 | 중앙대 경영대학

15 분배의 정의
변형윤 외 | 서울대 경제학과

16 도덕적 행동의 강화
이훈구 외 | 연세대 심리학과

17 관료부패와 통제
김해동 외 | 서울대 행정대학원

18 한국경제의 내실 있는 성장
정창영 외 | 연세대 경제학과

19 한국국민정신운동의 역사와 발전방향
박수명 외 | 부산대 사범대학

20 한국대학생의 가치성향과 상담효과
이영희 외 | 숙명여대 교육학과

21 가출청소년과 학교관리체제
안창규 외 | 부산대 교육학과

22 동북아 정세변화와 한 · 일관계
한승조 외 | 고려대 정치외교학과

23 언론과 부정부패
정대철 외 | 한양대 신문방송학과

24 한국의 고등학교 교육
이원호 외 | 부산대 교육학과

25 가족과 방송
김학수 외 | 서강대 신문방송학과

26 재정개혁의 전망과 재산세제의 개편 과제
오연천 | 서울대 행정대학원

27 청소년을 위한 전자게임 프로그램의 규제 및 평가체계 개발
박혜원 외 | 울산대 가정관리학과

28 정신장애자 가족의 사회심리적 특성
이근후 외 | 이화여대 의과대학

29 가족의 관계역동성과 문제인식
이광규 외 | 서울대 인류학과

30 현대인과 한국전통음식
송정자 | 숙명여대 식품영양학과

31 기업의 초고속정보통신망활용
안중호 | 서울대 경영학과

32 지역발전을 위한 교육자치제의 개선방안
김남순 | 조선대 사범대학

33 전환기의 공무원 가치관
조경호 | 울산대 행정학과

34 지방자치와 사회복지의 과제
김영모 | 중앙대 사회복지학과

35 WTO체제하의 지방중소기업 지원정책
최명주 외 | 계명대 통상학부

36 현대한국의 시민운동
이효선 | 중앙대 사회학과

37 기업 세계화의 단계 및 정도의 측정
허영도 외 | 울산대 경영학과

38 가족복지를 위한 가족주치의 시범사업의 효과
이혜리 외 | 연세대 가정의학교실

39 한국대학생의 삶의 만족도
김재은 외 | 이화여대 교육심리학과

40 지역경제와 지역산업구조의 개편방향
정기화 외 | 전남대 경제학부

41 중국기업의 소유형태별 경영특성
노철화 외 | 부산대 무역학과

42 남북한의 인성 · 사상교육
한승조 외 | 고려대 정치외교학과

43 연계적 뇌기능 조언을 위한 의료용 멀티미디어 시스템의 설계
유선국 | 연세대 의용공학교실

44 다민족국가의 민족문제와 한인사회
최협 외 | 전남대 인류학과

45 저소득층지역 청소년 여가문화와 소집단 활성화
박문수 외 | 서강대 사회학과

46 삶의 질의 국제비교와 지역간 비교분석
이재기 외 | 울산대 경제학과

47 21세기 지역주민의 삶의 질
양종회 외 | 성균관대 사회학과

48 삶의 질에 대한 국가간 비교
조명한 외 | 서울대 심리학과

49 외국인 노동자의 노사관계와 사회적 적응
석현호 외 | 성균관대 사회학과

50 한국의 사법제도와 발전 모델
정종섭 | 건국대 법학과

51 고령화사회와 중상층 노인의 사회활동
조성남 외 | 이화여대 사회학과

52 한국의 서비스 시장 개방정책
한홍렬 | 한양대 경제학부

53 한국과 AFTA간의 교역증진 및 경제 협력방안
손일태 외 | 경희대 경제통상학부

54 물류비 절감을 위한 무역업체의 정보화전략
이영수 외 | 경북대 경제통상학부

55 사회주의 체제전환과 사회정책
오정수 외 | 충남대 사회복지학과

56 남북통일 이후 농업생산체계 개편
홍성규 외 | 건국대 농업경제학과

57 국제화와 세계화
하영선 외 | 서울대 외교학과

58 IMF 개혁정책의 평가와 한국경제의 신(新) 패러다임
조동근 | 명지대 경제학과

59 구조개혁과 실업대책
박동운 | 단국대 경제무역학부

60 21세기 신노사관계
심윤종 외 | 성균관대 사회학과

61 학교에서의 집단 따돌림
이춘재 외 | 가톨릭대 심리학과

62 한국노인의 정신건강실태와 건강증진
조맹제 외 | 서울대 의과대학

63 혁명과 개혁 속의 중국 농민
김광억 | 서울대 인류학과

64 중국의 경제환경과 한국기업의 진출 전략
지용희 외 | 서강대 경영학과

65 김대중 대통령의 시스템 사고
김동환 | 중앙대 공공정책학부

66 실업과 가족해체
최일섭 외 | 서울대 사회복지학과

67 합리적 부채비율 조정방안
오상근 | 동아대 경제학과

68 한국 중산층의 생활문화
문숙재 외 | 이화여대 소비자·인간발달학과

69 계층간 갈등상태에서 최적소득세
김진욱 | 건국대 경상학부

70 글로벌 경쟁력 제고를 위한 기업전략과 조직구축
이만우 외 | 고려대 경영학과

71 의료보험과 국민연금의 관리효율화를 위한 통합방안
사공진 외 | 한양대 경제학부

72 정부개혁의 과제와 전략
박우서 외 | 연세대 행정학과

73 책임운영기관 제도에 관한 비교분석
김근세 | 가톨릭대 행정학과

74 새로운 패러다임하에서의 한국기업의 바람직한 지배구조
최운열 외 | 서강대 경영학과

75 현대 한국사회의 계층구조
양춘 외 | 고려대 사회학과

76 한국의 산업정책과 산업구조조정
강인수 | 숙명여대 경제학부

77 기업구조조정
김석진 | 경북대 경영학부

78 지식경영을 위한 인적자원 개발 및 관리체계
장영철 | 경희대 경영학부

79 뉴 비즈니스 모델
전성현 | 국민대 정보관리학부

80 중산층의 정체성과 소비문화
함인희 외 | 이화여대 사회학과

81 외국관광객 유치를 위한 마케팅 전략
박상규 | 강원대 경영학과

82 한국인의 세대별 문학의식
이동순 | 영남대 국문과

83 공공부문의 효율성 평가와 측정
김재홍 외 | 울산대 사회과학부

84 한국 청소년의 정치의식과 형성요인
김광웅 외 | 숙명여대 아동복지학과

85 한국 대학생의 정치의식
배한동 | 경북대 윤리교육과

86 산업의 정보화와 산업발전
이기동 | 계명대 통상학부

87 한국 제조업의 고용조정 분석
이종원 외 | 성균관대 경제학부

88 지식자산에 대한 경영전략적 평가모형 개발
배재학 외 | 울산대 컴퓨터·정보통신공학부

89 관광사업을 위한 한국적 이미지의 휴식복 개발
채금석 | 숙명여대 의류학과

90 한국 정치제도의 개혁
신정현 | 경희대 사회과학부

91 e비즈니스와 아웃소싱 전략
정승화 외 | 연세대 경영학과

92 집단 따돌림의 진단 및 치료방안
홍준표 | 중앙대 인간생활환경학과

93 16대 총선과 낙선운동
조기숙 | 이화여대 국제대학원

94 부동층 유권자 행태 분석
진영재 | 연세대 정치외교학과

95 사이버 공동체의 성공요인
이재관 | 숭실대 경영학부

96 온라인 소비자 행동의 이론과 실증
윤성준 | 경기대 경영학부

97 글로벌 시대 정약용 세계관의 가능성과 한계
차성환 | 한일장신대 역사사회학과

98 러시아의 체제전환 과정에서 나타난 국가의 역할과 그 전망
이상민 외 | 부산대 정치외교학과

99 남북한의 경제발전 수준과 산업구조 비교, 그리고 경제교류 협력방향
주성환 | 건국대 경제학과

100 집단따돌림과 교육해체
한준상 | 연세대 교육학과

101 공적연금제도의 효율성과 개선방안
유금록 | 군산대 행정복지학부

102 벤처기업-대기업의 성공적인 협력 모델
나중덕 | 경산대 경영학과

103 북한의 재외동포정책
조정남 외 | 고려대 정치외교학과

104 사이버 공동체 형성의 역동적 모형
장용호 | 서강대 신문방송학과

105 기업이론과 기업의 소유지배구조
김일태 외 | 전남대 경제학부

106 가축분뇨 자원화를 위한 공동이용조직에 대한 농가선호도 분석
유덕기 | 동국대 생명자원경제학과

107 개혁정책과 전문가 집단
이경원 외 | 제주대 행정학과

108 현대 한국사회의 이중가치체계
신수진 외 | 이화여대 가정관리학과

109 한국의 산업구조 변화와 기업집단 다각화 전략
김용학 외 | 연세대 사회학과

110 지식정보사회의 경제적 모형 설정 및 사례 연구
김범환 | 배제대 경영정보학부

111 변호사징계제도
오종근 | 한림대 법학부

112 인터넷 특허법
김순석 | 광주대 법학과

113 e-비즈니스 시대의 금융 및 재정정책의 새로운 패러다임
이종욱 | 서울여대 경제학과

114 청소년의 하위문화와 정체성
조성남 | 이화여대 사회학과

115 디지털금융시대의 금융구조변화와 정부규제 및 정책
이충열 | 고려대 경제학부

116 지식경영을 위한 기업의 조직설계방안
김경수 외 | 전남대 경영학과

117 전자금융의 발달과 경제정책의 새로운 패러다임
이명훈 | 명지대 경제학과

118 동아시아의 안보와 유엔체제
강성학 편저 | 고려대 정치외교학과

119 유료 치매노인 그룹홈의 개발과 관련 정책
최정신 외 | 가톨릭대 소비자·주거학과

120 소비자 지향적 문화산업 정책
홍영준 | 호남대 광고홍보학과

121 국제·국가·지방 환경규제의 연계
정준금 외 | 울산대 행정학과

122 현행 회사 합병·분할제도의 평가와 개선방안
옥무석 외 | 이화여대 법학과

123 배려지향적 도덕성과 정의지향적 도덕성
정옥분 외 | 고려대 사범대학

124 기업구조조정에 대한 채권금융기관 및 금융감독기관의 역할과 책임
이중기 | 한림대 법학과

125 실업대책으로서 한국의 법정기준근로시간 단축
박영범 | 한성대 경제학과

126 프랑스어의 비분리성 소유개념 표현
노윤채 | 연세대 언어정보연구원

127 지방채의 효율적 관리방안
강태구 | 호원대 법행정학부

128 21세기 산업구조 변화와 과학기술정책
임채성 외 | 그리스도신학대 경영정보학부

129 인터넷 쇼핑몰 이용자의 불평행동
예종석 | 한양대 경영학부

130 한국기업의 성과급제도 현황, 효과 및 개선방안
김성수 | 서울대 경영학과

131 전자상거래와 소비자보호
서민교 외 | 경일대 인터넷국제통상학과

132 평생학습 사회에서의 인적자원개발을 위한 사회적 파트너십 구축
김영화 | 홍익대 교육학과

133 한국 공교육의 새로운 구상과 전략
권대봉 외 | 고려대 교육학과

134 한국의 정부개혁
김태룡 | 상지대 행정학과

135 지방정부 생산성 측정의 이론과 실제
이은국 외 | 연세대 행정학과

136 불가 시문학론
배규범 | 경희대 학술연구 교수

137 남북경제교류의 법적 문제
제성호 | 중앙대 법학과

138 경제위기와 청소년 발달
구인회 | 서울대 사회복지학과

139 생명과학기술의 응용과 기본권보호적 한계
정상기 외 | 한남대 법학과

140 경제발전과 정치환경의 한・일 비교분석
정갑영 외 | 연세대 동서문제연구원

141 한국 공교육의 진단
윤정일 외 | 서울대 교육학과

142 우리나라 지방자치 발전을 위한 자치단체장의 역할
정성호 외 | 경기대 사회과학부

143 의료보험제도의 개혁방안
권순원 | 덕성여대 경제학과

144 중등 도덕교육의 현실과 문제
손동현 외 | 성균관대 철학과

145 사이버공동체 발전론
이명식 | 상명대 경영학과

146 남북경협 확대에 대비한 북한 담보제도의 정비방안
박훤일 | 경희대 법과대학

147 한국 공무원 인사제도 개혁
김판석 | 연세대 행정학과

148 교사화법 교육
임칠성 외 | 전남대 국어교육과

149 세계화의 문화정치학
임혁백 외 | 고려대 정치외교학과

150 효과적인 e-SCM을 위한 의사결정 조정 시스템 모형
이원준 | 성균관대 경영학부

151 환경거버넌스
김종순 외 | 건국대 행정학과

152 자동차산업의 인적자원관리
이덕로 | 서원대 경영학부

153 한국과 영국 간 지식기반산업 비교
이명호 | 한국외대 경영학과

154 한국 벤처기업의 기술네트워킹 및 기술마케팅 전략
장영일 | 인제대 경영학부

155 회사변호사의 윤리
오승종 | 성균관대 법과대학

156 미디어교육론
이정춘 | 중앙대 신문방송학과

157 조선시대 서원과 양반
윤희면 | 전남대 역사교육과

158 환경문제와 철학
박찬국 | 서울대 철학과

159 노인보건복지 이론과 실제
김명 외 | 이화여대 보건교육학과

160 북한의 법체계
권재열 외 | 숭실대 법학과

161 생명공학기술의 안전성 확보에 관한 법적 고찰
이재협 | 경희대 법학부

162 청소년복지학
김성이 외 | 이화여대 사회복지학과

163 변화하는 세계, 변화하는 복지국가
조영훈 | 동의대 사회복지학과

164 의리의 윤리와 한국의 유교문화
김낙진 | 진주교대 도덕교육과

165 미국의 통상정책과 통상법
윤충원 | 전북대 무역학과

166 사회복지 프로그램 평가
김학주 | 경상대 사회복지학과

167 환경주의와 지속가능한 발전
정대연 | 제주대 사회학과

168 무역과 환경
김기흥 외 | 경기대 경제학부

169 산업계 유해폐기물의 위험과 관리
김금수 | 호서대 경상학부

170 백범 김구의 지적 계발과정 탐색
문용린 | 서울대 교육학과

171 태평양전쟁 발발 이후 일제의 인적 지배와 그리스도교계의 대응
윤선자 | 전남대 사학과

172 거버넌스 상황에서 갈등관리를 위한 대체적 분쟁해결제도
서순복 | 광주대 법정학부

173 시장경제의 유형과 민주주의
최배근 | 건국대 경상학부

174 일본고전소설 총론
김현정 | 국립한국전통문화학교

175 국어 교육을 위한 국어 문법론
이관규 | 홍익대 국어교육과

176 율곡의 군주론
전세영 | 부산교대 윤리교육과

177 동북아시아 환경협력
정서용 | 명지대 법학과

178 기후변화협약과 기후정책
신의순 외 | 연세대 경제학과

179 인터넷과 국제 학술정보 네트워크-하이퍼링크 분석
박한우 | 영남대 언론정보학과

180 국내 기업복지의 활성화 방안
최수찬 | 연세대 사회복지대학원

181 세계화와 인간안보
김우상 외 | 연세대 정치외교학과

182 세계문화유산 종묘 이야기
지두환 | 국민대 국사학과

183 한국 평생교육의 사회철학적 과제
곽삼근 | 이화여대 교육학과

184 강점모델
정순둘 | 이화여대 사회복지학과

185 글로벌시대의 계약법
박영복 | 한국외대 법과대학

186 배심제와 시민의 사법참여
안경환 | 서울대 법학과

187 동북아공동체
김재한 | 한림대 정치외교학과

188 정치 참여와 탈물질주의
김욱 | 배재대 정치외교학과

189 퍼지전문가회로망을 이용한 금융기관의 사이버 기업여신결정 지원시스템의 개발
권혁대 | 목원대 경영학과

190 환경정책과 환경법
송인성 | 전남대 지역개발학과

191 포스트모던 시대의 평생교육학
한숭희 | 서울대 교육학과

192 현대 한국인의 세대경험과 문화
박길성 외 | 고려대 사회학과

193 서구의 근로연계복지
김종일 | 건국대 사회복지학과

194 사회복지운동론
현외성 | 경남대 사회복지학과

195 외국의 역모기지 사례
유선종 | 건국대 부동산학과

196 옛이야기와 어린이문학
이지호 | 진주교대 국어교육학과

197 노인사회복지관광의 정책과제와 방안
김창수 | 경기대 관광학부

198 복지서비스의 민간위탁 시스템 분석
김순양 | 영남대 행정학부

199 새로운 빈곤층의 대두와 정부의 정책과제
김진욱 | 건국대 경제학과

200 문화행정론
김정수 | 한양대 행정학과

201 스칸디나비아 노인용 코하우징의 계획과 적용
최정신 외 | 가톨릭대 생활과학부

202 북한의 자연생태계
공우석 | 경희대 지리학과

203 통계로 이해하는 러시아
전홍찬 | 부산대 정치외교학과

204 사회복지법인의 경영과 회계
이동규 | 충남대 회계학과

205 의약분업 정책과정
차흥봉 | 한림대 사회복지학과

206 지역공동체와 평생교육
오혁진 | 동의대 평생교육학부

207 아동보호서비스의 실제
한미현 | 백석대 사회복지학부

208 그린마케팅
박재기 | 충남대 경영학부

209 아동권리와 아동복지
이혜원 | 성공회대 사회복지학과

210 국제 이주와 인도인 디아스포라
김경학 | 전남대 인류학과

211 질병과 의료의 사회학
조병희 | 서울대 보건대학원

212 북한이탈주민의 사회통합을 위한 지역복지실천의 모색
이기영 | 부산대 사회복지학과

213 치매노인케어론
조유향 | 초당대 간호학과

214 노인상담입문
서혜경 외 | 한림대 대학원 사회복지학과

215 '통일 이후 통일과정'으로서의 독일 통일영화
이준서 | 이화여대 독어독문학과

216 중국의 사회보장
오정수 | 충남대 사회복지학과

217 환경자원의 경제적 가치와 환경오염의 사회적 비용
김재홍 | 울산대 사회과학부

218 사회복지프로그램의 경제적 평가방법
박창제 외 | 상주대 사회복지학과

219 자유의지와 결정론
안건훈 | 강원대 철학과

220 심리학자들이 쓴 행복한 결혼의 심리학
채규만 외 | 성신여대 심리학과

221 현대 해석학 강의
양해림 | 충남대 철학과

222 한국인의 주거 빈곤과 공공주택
하성규 | 중앙대 도시 및 지역계획학과

223 IMF 경제위기와 한국 출산력의 변화
김두섭 | 한양대 사회학과

224 동아시아의 영토분쟁과 국제법
이석우 | 인하대 법학부

225 독일 복지국가와 사회복지서비스
정재훈 | 서울여대 사회사업학과

226 사회복지사를 위한 실용 비모수통계
엄명용 | 성균관대 사회복지학과

227 피해자학 연구
이윤호 | 동국대 경찰행정학과

228 광고언어창작론
박영준 외 | 부경대 국어국문학과

229 환경규제 패러다임의 전환
한철 | 한남대 법학과

230 고령사회의 노동환경변화와 고용시스템의 문제점 및 법적 대응
고준기 | 국립군산대 법학과

231 세계화와 소득불평등
이성균 외 | 울산대 사회과학부

232 유비쿼터스 사회의 이해
안중호 외 | 서울대 경영학과

233 국제환경책임법론
박병도 | 건국대 법학과

234 한국의 선거와 민주주의
윤종빈 | 명지대 정치외교학과

235 한국 시민운동의 구조와 동학
조대엽 외 | 고려대 사회학과

236 또래관계
송영혜 | 대구대 재활심리학과

237 해외 한국기업과 현지인 노동자
석현호 외 | 에스콰이아학술문화재단

238 독일 국가복지에서 민간복지단체의 역할과 의미
차성환 외 | 한일장신대 사회복지학부

239 청정공학
조정호 | 동양대 생명화학공학과

240 한국전통연희론
심상교 | 부산교육대 국어교육학과

241 정신장애와 가족
서미경 | 경상대 사회복지학부

242 빈곤통계의 작성과 활용
김주환 | 동국대 정보통계학과

243 인터넷과 한국정치
강원택 | 숭실대 정치외교학과

244 북한의 시장경제이행
정영화 외 | 서경대 법학과

245 시스템사고로 본 지속가능한 도시
문태훈 | 중앙대 도시및지역계획학과

246 실버산업과 유비쿼터스 컴퓨팅
고일상 | 전남대 경영학부

247 재활상담과 사례관리
나운환 | 대구대 직업재활학과

248 영유아교육기관에서의 장애 이해 교육
유수옥 | 우석대 유아특수교육과

249 장애의 사회적 의미와 사회통합
박수경 | 대진대 사회복지학과

250 경제분석의 수리적 기초
조인성 | 공주대 경제통상학부

251 비영리부문의 비교연구
김승현 | 서울산업대 행정학과

252 고등교육경제학
반상진 | 전북대 교육학과

253 과학윤리교육의 이론과 방법
조희형 | 강원대 과학교육학부

254 결혼이민자가족의 이해
김오남 | 대불대 사회복지학과

255 동아시아 국가의 공공부조
신동면 | 경희대 사회과학부

256 특수아동 진단 및 평가
이나미 | 대불대 특수교육과

257 계약형 사회복지와 권리옹호시스템
이명현 | 경북대 상주캠퍼스 사회복지학과

258 실내공기질 및 위해성 관리
양원호 | 대구가톨릭대 산업보건학과

259 충남 방언 문법
한영목 | 충남대 국어국문학과

260 교육권론
노기호 | 군산대 법학과

261 도시경관계획론
임승빈 | 서울대 조경 · 지역시스템공학부

262 교통의 새로운 패러다임
김형철 | 경원대 도시계획 · 조경학부

263 노인의 삶의 질 향상을 위한 주거환경 디자인
천진희 | 상명대 디자인대학 실내디자인전공

264 사회복지와 문화
박병현 | 부산대 사회복지학과

265 장애인복지의 이론과 실제
이선우 | 인제대 사회복지학과

266 창의성 개발을 위한 디자인교육 콘텐츠
김선영 | 인천가톨릭대 조형예술대학 환경디자인학과

267 구성주의 사회복지 실천 기술론
고미영 | 서울신학대 사회복지학과

268 장애아교육학
김기흥 | 부산교육대 유아교육과

269 지역사회복지와 자원부문
한상진 외 | 울산대 사회학과

270 환경관리회계
육근효 | 부산외국어대 회계학부

271 인권 관점에서 보는 장애인복지
유동철 | 동의대 사회복지학과

272 정신증상
송지영 | 경희대 의과대학병원 신경정신과

273 사이버공간의 사회심리학
이성식 외 | 숭실대 정보사회학과

274 노인에 대한 사회적 돌봄과 돌봄 서비스의 질 보장
최희경 | 신라대 가족노인복지학과

275 아동 심리치료의 실제
신현균 | 전남대 심리학과

276 사회복지와 위험관리
노충래 | 이화여대 사회복지전문대학원

277 국제 탄소시장의 이해
양승룡 | 고려대 식품자원경제학과

278 타자의 초상
신문수 | 서울대 영어교육과

279 한국정치와 환경정치
나정원 | 강원대 정치외교학과

280 북한이주민
윤인진 | 고려대 사회학과

281 음주의 사회경제적 비용
정우진 외 | 연세대 보건대학원

282 지방정치와 동북아 도시거버넌스
박재욱 | 신라대 행정학과

283 노숙인 복지론
남기철 | 동덕여대 사회복지학과

284 유럽통합과정과 지역협력
이규영 | 서강대 국제대학원

285 사회복지재정 연구
지은구 | 계명대 사회과학대학 사회복지학과

286 지역사회 교육개혁을 위한 시민사회 조직의 참여
김영화 | 홍익대 교육학과

287 복지사회를 대비한 국민연금의 구조개혁
박영석 외 | 서강대 경영학부

288 한미 FTA 지재권 협상에 따른 의약품 분야 사회후생 변화
오근엽 | 충남대 무역학과

아 | 산 | 재 | 단 | 연 | 구 | 보 | 고 | 서

1 한국인의 도덕성 연구
배해수 | 고려대 국문학과

2 산업화와 청소년 진로
이원호 | 울산대 교육학과

3 공동체의식과 시민운동
김영섭 | 한양대 행정학과

4 한국청년의 삶의 의미 충족도와 만족적 태도
안정수 | 경희대 철학과

5 중국조선족의 사회발전과 한 · 중관계의 위상
손장권 | 고려대 사회학과

6 해송림 "솔껍질깍지벌레"의 천적 및 주요 종의 생태
김규진 | 전남대 농생물학과

7 사회정의와 실천윤리
박종대 | 서강대 철학과

8 동구개혁의 영향
김달중 | 연세대 정치외교학과

9 한국청소년의 의식세계
김문조 | 고려대 사회학과

10 고강도 철근 콘크리트 구조의 실용화
정헌수 | 중앙대 건축학과

11 신기술의 연관형태 및 출현예측의 구조모형
권철신 | 성균관대 산업공학과

12 민간기업의 연구개발을 위한 조세정책
권영훈 | 한양대 경제학부

13 기술개발 활성화방안
송승구 | 울산대 화학공학부

14 부패의 현상과 진단
이문조 | 영남대 정치외교학부

15 연구투자의 지역적 편중화와 부산지역의 기초과학연구 활성화방안
윤웅찬 | 부산대 화학과

16 GATT의 신구 덤핑방지협정과 그 대응방안
전창원 | 동국대 무역학과

17 한국사회의 도덕성 제고를 위한 진단과 처방
황경식 | 서울대 철학과

18 새로운 노사관계 방향
이진규 외 | 고려대 경영학과

19 21세기 동북아 정세예측과 한국의 전략적 대응방안
최평길 외 | 연세대 행정학과

20 소련의 한국에 대한 정책목표분석
신승권 | 한양대 정치외교학과

21 메모리 커패시터용 $Pb(Zr_xTi_{1-x})O_3$ 강유전체 박막의 제작과 특성
장지근 외 | 단국대 전자공학과

22 러시아 국제법학의 전통
김용구 | 서울대 외교학과

23 유럽연합의 현황과 전망
김동현 외 | 성균관대 행정학과

24 중국의 정치동원
송영우 외 | 건국대 정치외교학과

25 산업적 활용을 위한 이동로보트 시스템의 개발
박민용 외 | 연세대 전자공학과

26 중국조선족의 정치사회화과정과 동화적 국민통합의 방향
전인영 외 | 이화여대 사회생활학과

27 공적부조의 이론과 실제
최일섭 외 | 서울대 사회복지학과

28 대외통상환경의 변화와 법제개편
서헌제 | 중앙대 법학과

29 기업금융의 국제화
최생림 | 한양대 경영학부

30 자동차부품공업의 노사관계
김호진 외 | 고려대 행정학과

31 산업화 과정에서의 한국가족의 실태와 전망
정창수 외 | 성균관대 사회학과

32 공무원 가치관 실태와 정립방안
배병룡 외 | 경상대 행정학과

33 해외귀국청소년의 국내적응연구
이장영 | 국민대 사회학과

34 초고속정보통신망에서 LAN서비스 제공방안
이재용 | 연세대 전자공학과

35 WTO체제의 정책적 대응
김병진 외 | 경희대 행정학과

36 유럽의 통합정치
최수경 외 | 충남대 정치외교학과

37 유기질폐기물을 이용한 고단백사료원인 조류의 생산공정
최정우 외 | 서강대 화학공학과

38 초고속정보통신망의 수용성과 정책방향
박영상 외 | 한양대 신문방송학과

39 중국의 강남사회와 한중교섭
조영록 외 | 동국대 사학과

40 세계화시대의 사회 · 문화의식
신행철 외 | 제주대 사회학과

41 국내 외국인 노동자의 문제와 대책
성규탁 외 | 연세대 사회복지학과

42 노인인력 활용정책과 프로그램
김정후 외 | 강원대 법과대학

43 한일간 학술교류 현황과 활성화방안
정홍익 외 | 서울대 행정대학원

44 계량모형에 의한 한일 경제관계의 이해
김명직 외 | 한양대 경제학부

45 직장인의 음주행태와 삶의 질
진기남 외 | 연세대 보건행정학과

46 유통정보 시스템의 구조와 설계
정용길 | 충남대 경영학과

47 남북통일 이후 사회통합을 위한 교육의 역할
안기성 외 | 고려대 교육학과

48 대중음악에 심취한 청소년들의 심리적 특성
김인경 외 | 연세대 인간행동연구소

49 멀티미디어 시스템을 활용한 교육환경의 개선방안
김한일 | 제주대 컴퓨터교육학과

50 탈냉전기 한일관계의 쟁점
최상룡 | 고려대 정치외교학과

51 자치시대 새로운 '삶의 질' 지표의 모색
김형기 외 | 경북대 경제통상학부

52 유럽통합의 역내외 협력과 갈등
이호재 외 | 고려대 정치외교학과

53 21세기를 대비한 신노사관계
김재원 | 한양대 경제학부

54 대학의 시간제학생 등록제
안규철 외 | 전남대 교육학과

55 21세기에 대비한 방송통신정책
한진만 외 | 강원대 신문방송학과

56 주민참여를 통한 혐오시설 관리운영방안
박균성 외 | 경희대 법학부

57 여성의 정치적 권리인식과 정치참여
전경옥 외 | 숙명여대 정치외교학과

58 한국인 위장질환과 식생활 · 환경요인 및 *H. pylori* 감염과의 관계
이양자 외 | 연세대 식품영양학과

59 학생과 시민의 자원봉사활동
윤정일 외 | 서울대 교육학과

60 동북아 환경문제와 지역환경협력의 모색
신연재 외 | 울산대 정치외교학과

61 노인 자원봉사활동을 통한 사회통합 프로그램 개발
김동배 | 연세대 사회복지학과

62 물류정보 시스템
김태현 | 연세대 경영학과

63 전자식 문서교환을 이용한 항공화물 운송체계
민재형 | 서강대 경영학과

64 청소년과 성
이근후 | 이화여대 의과대학

65 민족통합과 무궁화호 위성의 남북한 공동활용방안
방정배 | 성균관대 신문방송학과

66 채식주의가 20대 여성의 영양상태와 에스트로겐 대사에 미치는 영향
성미경 | 숙명여대 식품영양학과

67 가상정보공간을 통한 지역개발 활성화 전략
유재천 외 | 한림대 언론정보학부

68 조산아 관리현황 및 정책수립 방안
박상기 외 | 조선대 의과대학

69 남북한관의 의식조사와 통일교육 개선방안
김동규 외 | 고려대 북한학과

70 동양 전통 자연사상 탐구
장동순 | 충남대 환경공학과

71 초고속정보망의 시뮬레이터 구현
한기준 | 경북대 컴퓨터공학과

72 유통원가 시스템의 유효성
정다미 | 명지대 경영학과

73 국악과 문화관광의 만남
정익준 외 | 동아대 국제관광통상학부

74 기업의 지식경영 활용사례
김창은 | 명지대 산업공학과

75 선진국과 한국의 직업교육 · 훈련제도의 특성과 한계
정주연 | 고려대 경제학과

76 제주지역 성인 여성의 자원봉사활동
이상철 외 | 제주대 사회학과

77 M&A와 문화충돌 관리
박원우 | 서울대 경영학과

78 폐금속광산 인근 주민들의 중금속 오염실태
정종학 외 | 영남대 의학과

79 북한 농촌 · 농업실태와 인력자원개발 시스템을 통한 북한 농민의 구호방안
박성열 | 건국대 교육공학과

80 중소 소매점의 경쟁력과 소매성과
채명수 외 | 한국외대 무역학과

81 고령자를 위한 쾌적한 실내온도와 착의량의 설정
정운선 | 안동대 의류학과

82 지역문화 이벤트 PR
박종민 | 경희대 언론정보학부

83 인터넷 지역정보화의 실태와 전략
유평준 외 | 연세대 행정학과

84 여성 삶의 질 향상을 위한 사회교육 활성화 방안
김양희 | 중앙대 가족복지학과

85 벤처기업과 벤처금융
강대석 외 | 충남대 무역학과

86 구조조정기에 있어서 실업대책과 사회안전망 구축
박천익 | 대구대 경제학과

87 한국 유아의 조기교육
이명조 외 | 한국외대 교육대학원

88 남북한 경제공동체 형성전략
이상만 | 중앙대 경제학과

89 지방자치회계의 투명성과 주민의 알 권리
권찬태 외 | 경북대 경영학부

90 정치지도자의 정책리더십
이해영 | 경일대 행정학과

91 경제위기와 한국인의 복지의식
신광영 외 | 중앙대 사회학과

92 북한의 노동
김강식 | 한국항공대 경영학과

93 우리나라 중소기업의 정보기술 활용 현황과 경쟁력 강화를 위한 제안
정승호 | 부산외대 정보시스템학과

94 인간배아복제의 법적 · 윤리적 문제점과 그 해결방안
최병규 | 한경대 법학부

95 가치변화에 따른 투표행태
조찬래 외 | 충남대 정치외교학과

96 인터넷 경매에서의 계약체결과 소비자 보호
이기수 외 | 고려대 법과대학

97 세계화시대 남북한 통합의 방향과 과제
윤민재 | 서울대 사회발전연구소

98 글로벌 시대 지방정부의 문화마케팅 전략
박흥식 | 중앙대 행정학과

99 대졸여성실업의 실태분석 및 대학-노동 시장 간 효율적 연계방안
이은우 외 | 울산대 사회과학부

100 그린 투어리즘의 분석
이응진 | 대구대 관광학부

101 지방자치단체장의 부정부패
오일환 | 한양대 아태지역연구센터

102 산업화가 유교체제하 중국여성의 지위에 미친 영향
천성림 | 배재대 사회과학연구소

103 움직이는 말하기
유혜숙 외 | 나사렛대 교양학부

104 장애학생을 위한 특수교육공학의 활용
김용욱 | 대구대 중등특수교육과

105 지식기반사회의 평생교육 이해와 평생교육 프로그램 개발
박성열 | 건국대 교육공학과

106 N세대의 미술교육
김동철 | 대구교육대 미술교육학과

107 노후계획과 투자
권택호 | 여수대 국제통상학과

108 영화산업
양영철 | 경성대 연극영화학부

109 동유럽의 변혁과 언론의 역할
정대수 | 경남대 정치언론학부

110 환율, 임금, 물가가 국제경쟁력 및 수출입산업에 미치는 영향
하인봉 | 경북대 경제통상학부

111 일본기업의 기술혁신 전략
위정현 | 중앙대 상경학부

112 노후보장정책과 역저당연금제도
조덕호 외 | 대구대 행정학과

113 유비쿼터스 라이프와 미래 사회
김석수 | 한남대 멀티미디어공학과

114 죽음과 관련된 생명윤리적 문제들
구인회 | 가톨릭의과대 인문사회과학교실

115 경제적 세계화와 빈곤문제, 그리고 국가
김준현 | 한일장신대 인문사회과학부

116 한국의 세계불교유산
김종명 | 한국학중앙연구원 한국학대학원

117 복지레저서비스론
고태규 | 한림대 국제학부

118 자생적 철학체계로서 인간중심철학
선우현 | 청주교대 윤리교육과

119 전략적 통합과 한반도 평화체제
김승채 | 고려대 정책대학원

120 환경사법론
전경운 | 경희대 법학부

121 인터넷 자료를 통해 본 한국의 이혼 문화와 사회복지
성정현 외 | 협성대 사회복지학과

122 유럽연합의 사회정책에 관한 연구
문진영 | 서강대 신학대학원 사회복지학과

123 여성건강의 통합적 관점
김혜원 | 관동대 간호학과

124 복잡계 네트워크 과학
강병남 | 서울대 물리천문학부